Communication, influence, manipulation

Sciences pour la communication

Vol. 138

Comité scientifique

Les ouvrages publiés dans cette collection ont été sélectionnés
par les soins du comité éditorial, après révision par les pairs.

Collection publiée sous la direction de Marie-José Béguelin, Alain
Berrendonner, Didier Maillat et Louis de Saussure

Misha-Laura Müller

Communication, influence, manipulation

Outils d'analyse pragmatique

PETER LANG

Lausanne - Berlin - Bruxelles - Chennai - New York - Oxford

Information bibliographique publiée par Die Deutsche Nationalbibliothek.
Die Deutsche Nationalbibliothek répertorie cette publication dans
la Deutsche Nationalbibliografie; les données bibliographiques détaillées sont disponibles sur le site http://dnb.d-nb.de.

Ouvrage publié avec le soutien de la Faculté des
lettres et sciences humaines de l'Université de
Neuchâtel ».

L'étape de la prépresse de cette
publication a été soutenue par le Fonds national
suisse de la recherche scientifique

ISSN 0933-6079 • ISSN 2235-7505
ISBN 978-3-0343-4975-8 (Print)
E-ISBN 978-3-0343-4976-5 (E-PDF) •
E-ISBN 978-3-0343-4977-2 (E-PUB)
DOI 10.3726/b22039

« Parfois, les mots doivent servir à voiler les faits. Mais que cela se produise de telle sorte que personne ne s'en rende compte ou, si cela devait être remarqué, des excuses doivent être disponibles pour être produites immédiatement. »

Machiavel

Table des matières

Liste des tableaux et Figures

Introduction

Depuis la publication de l'article fondateur de Grice, *Logic et Conversation* (1975), la communication verbale a majoritairement été conçue comme étant divisée entre ce que le locuteur *dit* et ce qu'il *communique* à son destinataire. Ce phénomène peut s'illustrer à travers l'échange conversationnel ci-dessous :

Marie : Veux-tu un verre de whisky ?
Paul : Il est 20h30 ! (*Contenu explicite*)
→ *Oui, je veux verre de whisky ! (Contenu implicite)*

Le contenu explicitement communiqué par Paul ne répond pas directement à la question posée. En effet, il ne dit pas véritablement si, oui ou non, il souhaite boire un verre de whisky. Dans ce contexte, le locuteur communique davantage que ce qu'il dit explicitement. La réponse à la question est alors implicite : lorsque Paul énonce « Il est 20h30 », il invite le destinataire à comprendre que, en règle générale, 20h30 est une heure appropriée pour boire un verre de whisky et que, par conséquent, il accepte la proposition de boire du whisky.

Le contexte et les connaissances encyclopédiques du destinataire sont fondamentales pour évaluer l'intention communicative du locuteur. En effet, comme illustré ci-dessous, il suffit de changer la boisson dont il est question pour obtenir une réponse tout à fait différente :

Marie : Veux-tu un café ?
Paul : Il est 20h30 ! (*Contenu explicite*)
→ *Non, je ne veux pas de café. (Contenu implicite)*

Dans cet exemple, Paul invoque l'heure tardive comme argument pour refuser la proposition de boire du café, car cela aurait pour conséquence de l'empêcher de dormir (ce qui n'est pas souhaitable dans ce contexte). Ainsi, le fait de souligner qu'il est 20h30 lui permet de dire, implicitement, qu'il décline la proposition.

Enfin, les contenus implicites ont la propriété d'être logiquement annulables[1], permettant ainsi au locuteur de nier les avoir communiqués. Si l'on reprend le

---

1   Comme nous le verrons dans cet ouvrage, seuls certains types de contenus implicites – les implicatures conversationnelles – ont la propriété d'être logiquement annulables.

premier exemple cité plus haut, la négation du contenu implicite prendrait la forme suivante :

Marie : Veux-tu un verre de whisky ?
Paul : Il est 20h30… mais c'est lundi ! (*Contenu explicite*)
→ *Non, je ne veux pas de verre de whisky. (Contenu implicite)*

Ici, contrairement à l'exemple précédent, le locuteur décline la proposition de boire du whisky. Il le fait par l'annulation du contenu implicite initialement déclenché par « Il est 20h30 », qui communiquait l'acceptation de la proposition. L'annulation se fait par l'ajout d'une deuxième proposition, « mais c'est lundi ! », qui contraste avec la proposition initiale. En effet, le locuteur souligne implicitement que, malgré le fait que l'heure soit propice à boire du whisky, il n'est pas acceptable de boire de l'alcool en début de semaine. Comme dans le premier exemple, le contenu implicite est compris grâce à des connaissances mutuellement partagées au sujet de normes sociales (*i.e.,* bien que l'heure soit propice à boire de l'alcool, il n'est généralement pas acceptable de le faire en début de semaine).

Le caractère annulable des contenus implicites est à l'origine de théories en psychologie et en linguistique, soutenant que la communication implicite est un outil idéal pour manipuler autrui. Dans *La Logique du Discours Indirect*, Pinker, Nowak et Lee (2008) soutiennent que la communication implicite n'apporte aucun bénéfice pour la transmission d'informations : selon eux, un contenu implicite génère des coûts superflus pour la compréhension verbale et présente un risque important d'être la source de malentendus. Sur la base de ces éléments, Pinker et collègues soutiennent que la fonction essentielle du contenu implicite réside dans l'exploitation de sa propriété annulable, permettant au locuteur de manipuler autrui. En effet, l'annulation du contenu implicite donne la possibilité de nier une information potentiellement trompeuse, préservant ainsi la réputation sociale du locuteur.

L'exemple ci-dessous (adapté de Grice 1975 : 51) illustre une situation dans laquelle un locuteur communique un contenu implicite, puis cherche à nier avoir eu l'intention de transmettre ce contenu. Cette rétractation prend place juste après que le destinataire lui en attribue la responsabilité :

Paul : Sais-tu où Henry habite ?

Anne : Il habite quelque part dans le sud de la France.
→*Anne ne sait pas exactement où Henry habite. (Contenu implicite)*

Paul : Voyons ! Essaies-tu de me faire croire que tu ne connais pas son adresse !?! (*Attribution d'engagement au locuteur*)

Anne : *Je n'ai jamais dit que je ne connaissais pas son adresse ! J'ai dit qu'il habite dans le sud de la France, mais si tu souhaites avoir son adresse exacte, je peux te la donner. (Rétractation du contenu attribué)*

Dans le contexte ci-dessus, l'énoncé d'Anne semble vouloir dire qu'elle ne sait pas exactement où Henry habite. Ce contenu implicite est compris sur la base de l'hypothèse que, si Anne en savait davantage, elle l'aurait alors communiqué à Paul. Toutefois, lorsque Paul accuse Anne d'avoir prétendu ne pas savoir exactement où Henry habite (*cf. Attribution d'engagement au locuteur*), elle a la possibilité de nier avoir eu cette intention de communication en vertu du caractère implicite et annulable du contenu. Ainsi, Anne peut plausiblement nier le contenu implicite qui lui a été attribué (*cf. Rétractation du contenu attribué*).

La négation du contenu implicite peut constituer une approche honnête ou une stratégie malhonnête. Dans une configuration honnête, il s'agit de la simple rectification d'un malentendu où le locuteur cherche, en toute bonne foi, à clarifier sa véritable intention de communication. En revanche, dans une configuration malhonnête, le locuteur s'appuie sur l'identification du contenu implicite pour en tirer profit ; lorsque le destinataire soupçonne une tentative de manipulation, le locuteur exploite alors la possibilité de nier le contenu implicite pour prétendre à son honnêteté. Autrement dit, le fait de pouvoir nier un contenu implicite permettrait au locuteur de démentir son intention de manipulation.

L'utilisation honnête de la rétractation du locuteur ne constitue pas à proprement parler un domaine de recherche en linguistique, étant donné que les réajustements et les clarifications entre le locuteur et le destinataire sont considérés comme une partie inhérente de la communication humaine. En revanche, l'utilisation malhonnête de la rétractation du locuteur est à l'origine de nombreuses recherches plutôt récentes, selon lesquelles la communication implicite est, par essence, un outil de manipulation. Pour Pinker et collègues, mentionnés plus haut, les occurrences de discours implicites apparaissent essentiellement dans des situations conflictuelles, signifiant qu'ils correspondent à des stratégies conçues pour éviter une punition ou une exclusion sociale. Dans le même ordre d'idées, Reboul (2011 ; 2017) propose un modèle de l'évolution de la communication implicite, selon lequel cette compétence aurait émergé du langage afin de permettre des formes sophistiquées de manipulation, offrant la possibilité de nier une intention de manipulation.

La notion de « rétractation du locuteur » entre évidemment dans le prolongement de celle de « prise en charge du locuteur » de Ducrot (1984). Par exemple, dans l'énoncé « Jacques fume encore », Ducrot distingue le contenu « posé », à savoir *Jacques fume*, du contenu « présupposé », *Jacques fumait dans le passé*, qui implique une responsabilité du locuteur malgré son caractère implicite (Ducrot 1984 : 20). Bien que la notion de prise en charge du locuteur de Ducrot soit liée à celle de rétractation du locuteur, elle ne couvre pas entièrement la problématique proposée dans le présent travail, à savoir l'évaluation des processus inférentiels dédiés à la compréhension des contenus implicites et leur efficacité manipulatoire en cas de tentative de rétractation[2].

Le présent ouvrage explore les questions suivantes : la communication implicite peut-elle être conçue uniquement comme un outil de manipulation ? Est-il toujours possible de nier un contenu implicite de manière convaincante aux yeux du destinataire ? Comment le destinataire attribue-t-il des engagements au locuteur ? Le destinataire possède-t-il des mécanismes de protection face à une tentative de manipulation par un contenu implicite ? Dans un premier temps, ces questions seront abordées à travers l'identification des prémisses et conclusions qui sous-tendent les approches de « manipulation », directement héritières de la pensée de Grice :

Le Chapitre 1 présente deux articles fondateurs de Grice, à savoir *Meaning* (Grice 1957) et *Logic and Conversation* (1975), permettant de saisir la notion d'implicite. Nous voyons dans quelle mesure la théorie de Grice amène une vision selon laquelle tous contenus implicites permettent une rétractation de la part du locuteur.

Dans le Chapitre 2, nous abordons les théories de manipulation de la communication implicite, à savoir « *The Logic of Indirect Speech* » de Pinker et collègues (2008) et l'approche de Reboul (2011 ; 2017) sur l'évolution de la communication implicite. Nous montrons l'enracinement gricéen de ces deux approches ainsi que les prémisses et conclusions sur lesquelles reposent les théories de manipulation de la communication implicite. Nous soulignons l'importance de deux prémisses sur lesquelles ces théories reposent, à savoir que la communication implicite serait « coûteuse pour le destinataire » et permettrait toujours une « rétractation plausible ou possible » de la part du locuteur.

Dans un deuxième temps, nous confrontons les approches de manipulation de la communication implicite aux théories « post-gricéennes », en particulier celle de la théorie de la Pertinence :

Le Chapitre 3 dresse un tableau plus complexe de la communication verbale, où les contenus explicites et implicites sont tous deux le produit d'un calcul

---

2   Pour de plus amples informations relatives aux différentes approches de la prise en charge du locuteur, nous renvoyons le lecteur à l'introduction de Boulat et Maillat (2017)

inférentiel. Cela implique une remise en perspective de l'idée que seuls les contenus implicites sont coûteux et que ces derniers sont radicalement différents des contenus explicites. Par conséquent, la notion de rétractation du locuteur, initialement fondée sur la distinction entre le *dit* et *l'implicite* de Grice, nécessitera d'être reconsidérée dans son ensemble.

Le Chapitre 4 présente des analyses plus détaillées d'exemples authentiques impliquant une rétractation du locuteur. À cette fin, nous abordons la notion plus populaire du sophisme de l'épouvantail, qui correspond au mouvement inverse d'une tentative de rétractation d'un contenu verbal. En effet, ce sophisme consiste en l'attribution intentionnelle d'un contenu que le locuteur n'avait pas l'intention de communiquer, dans le but de faciliter une contre-argumentation. La question de la rétractation du locuteur émerge lorsque la victime du sophisme cherche à clarifier sa véritable intention de communication. Dans ce chapitre, nous montrons qu'il est parfois difficile de se libérer d'une attribution fallacieuse, contrairement à ce qui est stipulé dans les approches manipulatrices.

Enfin, le Chapitre 4 présente de nombreux contre-exemples auxquels se heurtent les théories de manipulation de la communication implicite. En effet, même lorsque le contenu est logiquement annulable, cela n'empêche pas le destinataire de considérer que le locuteur est de mauvaise foi lorsqu'il cherche à annuler le contenu. Cela permettra de conclure qu'une rétractation plausible d'un contenu verbal repose sur des variables qui vont au-delà de considérations logiques, telles que la pertinence du contenu ou le degré de confiance que le destinataire attribue au locuteur.

Pour terminer, nous récapitulons les hypothèses et prédictions relatives à chaque type de contenu implicite. Les prédictions sont construites à la lumière des réflexions post-gricéennes et en tenant compte des premières recherches empiriques portant sur la rétractation du locuteur.

Remerciements

Je tiens à remercier l'équipe au sein de laquelle je travaille, à l'Université de Neuchâtel, pour son soutien dans l'élaboration de cet ouvrage. En particulier, je remercie Anna Piata, Steve Oswald, Léa Farine, Diane Liberatore et Thierry Herman, qui ont considérablement enrichi ces lignes par leurs réflexions critiques. Ma gratitude va naturellement à Louis de Saussure, qui m'a conseillé et soutenu durant l'entier du processus de rédaction.

J'ai également bénéficé d'échanges et de discussions avec Hugo Mercier, Jacques Moeschler, Anne Reboul, Dan Sperber et Tim Wharton, à l'époque où ce projet n'était qu'à ses débuts.

Mes réflexions liées à ce projet ont significativement été enrichies par les contributions de Francesca Bonalumi, Christophe Heintz, Stephan Lewandowski, Edoardo Lombardi Vallauri, Viviana Masia, Diana Mazzarella et Steve Oswald dans le contexte d'une journée d'étude consacrée à ce sujet (*Plausible deniability in the post-truth era,* Université de Neuchâtel, Septembre 2021).

Mon proche entourage aura également été d'un soutien particulièrement précieux. Je remercie donc Aubrée Boissard, Laura Branzini, Fabrice Flückiger, Vincent Heiniger, Esteban et Florence Jospin, Grégoire, Pascal et Saskia Müller, Yannick Perrenoud, Thierry Raeber, Mélanie Sandoz, Ur Shlonsky, Thérèse Tunesi. Enfin, ce projet n'aurait pu aboutir sans la motivation et l'énergie que m'inspirent mes deux fils, Akira et Koyaan, à qui je dédie ce livre.

Chapitre 1. Communication implicite et annulabilité de contenus dans la perspective de Grice

1.0. Introduction

Dans ce chapitre, nous présentons deux articles fondateurs de H. P. Grice qui sont essentiels pour saisir la notion de « contenu implicite » et le critère d'annulabilité permettant d'identifier ce type de contenus. Comme nous le verrons plus tard, ces éléments théoriques constituent les fondements des approches dites « manipulatrices » de la communication implicite qui seront abordées dans le Chapitre 2.

Dans un premier temps, nous porterons notre attention sur l'article *Meaning* (1957), dans lequel Grice distingue ce qu'il nomme les 'significations naturelles' et les 'significations non-naturelles'. Alors que la première catégorie se réfère à une forme de communication « immédiate » – ou « factive », selon Reboul (2007, 200) – la seconde catégorie repose sur des mécanismes de compréhension plus complexes : selon Grice la « signification non-naturelle » va au-delà d'un simple processus de codage et décodage de l'information[3] et repose sur une faculté humaine de reconnaissance des *intentions* du locuteur. Cette contribution constitue un tournant fondamental dans le domaine de la linguistique – à l'origine des approches « pragmatiques » – car il instaure les bases d'un modèle inférentiel de la communication. Cependant, le concept de « signification non-naturelle » a également généré un certain nombre de confusions relatives à ce qui est précisemment concerné par ces deux niveaux d'intentionalité (*cf. infra*) : la signification non-naturelle s'applique-t-elle à toutes modalités de communication humaine, c'est-à-dire aussi bien *verbale* que *non-verbale* ? Ou alors, comme cela a été suggéré par Searle, ces deux niveaux d'intentionnalité

---

3   L'un des plus célèbres modèles de communication est le « modèle du code » de Shanon et Weaver (1949). Mis en place dans le contexte de recherches en cybernétique, ce modèle présente la communication comme étant égale à une simple transmission d'informations, les étapes principales étant les suivantes : le codage de l'Emetteur, la transmission par un canal et le décodage du Récepteur. Le seul risque d'incompréhension (ou d'échec de communication) proviendrait, dans cette perspective, du « bruit » sur le canal de transmission. Grice bouleversera complètement cette vision de la communication.

se trouvent-ils impliqués uniquement dans les usages figuratifs du langage ? Nous apportons des éclairages sur ces questions à l'aide de travaux ultérieurs de Grice, notamment *Utterer's meaning and intention* (1969), qui se voulait être une réponse aux abondantes questions et réactions suscitées par *Meaning* (1957). De plus, l'analyse détaillée de l'opposition gricéenne entre 'saying' et 'meaning$_{NN}$' de Wharton (2002) permettra d'apporter des éclairages supplémentaires pour saisir cette notion.

Dans un second temps, nous présentons l'article *Logic and Conversation* (1975), dans lequel Grice expose sa fameuse théorie des « implicatures », désignant des contenus implicites ayant des propriétés communicatives et formelles spécifiques. Nous verrons que l'annulabilité des implicatures est la propriété essentielle qui sous-tend l'idée que certains contenus verbaux sont rétractables. La notion de plausibilité de la rétractation est également ancrée dans la pensée gricéenne, mais sous une forme moins transparente : chez Grice, les implicatures sont tacitement définies comme étant inférées sous l'entière responsabilité du destinataire, car c'est lui qui prend en charge le « calcul » des intentions de communication du locuteur. Dans cette perspective, une erreur d'interprétation – révélée par la rétractation d'un contenu du locuteur – relèverait de la responsabilité du destinataire et non du locuteur.

Enfin, une analyse du Principe Coopératif de Grice permettra de distinguer deux niveaux de coopération impliqués dans la communication verbale, soit la *coopération linguistique* (permettant la compréhension verbale) ainsi que la *coopération extralinguistique* (qui consiste à mettre en accord les buts et intérêts recherchés par chaque intervenant d'une conversation, indépendamment de la compréhension verbale). Nous verrons que le Principe Coopératif de Grice s'applique à la coopération linguistique et non à la coopération extralinguistique (Oswald, 2010). Nous proposerons ensuite une distinction entre les usages « honnêtes » et les usages « malhonnêtes » de rétractations de contenus implicites (*i.e.*, coopératifs ou non coopératifs sur le plan extralinguistique).

Ces fondements théoriques permettront d'ouvrir le deuxième chapitre, consacré aux approches manipulatrices de la communication implicite, qui soutiennent l'idée qu'elle présente davantage de bénéfices dans la perspective de manipuler une audience que dans celle d'optimiser l'efficacité de la communication.

1.1. La signification naturelle et la signification non-naturelle

Dans *Meaning* (1957), Grice présente une distinction entre ce qu'il nomme la *signification naturelle* et la *signification non-naturelle* (signification$_{N}$ et signification$_{NN}$). D'un côté, la signification$_N$ est factive et involontaire, alors que la signification$_{NN}$ est volontaire, « non-factive » (Reboul 2007 : 253) et est contextuellement variable. Afin d'illustrer ce qu'il entend par signification naturelle, Grice présente les exemples suivants :

(1) Those spots mean measles.
[Ces boutons signifient la rougeole.]
(2) The recent budget means that we shall have a hard year.
[Le budget actuel signifie que nous aurons une année difficile.]

Selon Grice, l'exemple (1) présente une relation qui n'est pas discutable ou annulable, où le fait d'*avoir un certain type de boutons* signifierait naturellement ou nécessairement que l'agent exhibant de tels symptômes est porteur de *la rougeole*. En ses propres termes, « si x signifie p, alors x implique p ». Il y aurait donc une corrélation naturelle – voire logique et nécessaire – entre le fait d'avoir des éruptions cutanées d'un certain type et le fait d'avoir la rougeole.

Reboul (2007) analyse la distinction de la signification naturelle et non-naturelle de Grice sous l'angle de la biologie évolutive. Selon son analyse, la factivité serait l'élément fondamental pour déterminer si un stimulus correspond véritablement à de la signification$_N$[4] (Reboul 2007 : 261). En se basant notamment sur les classifications de communication animale de Hauser (1996), elle propose trois exemples de signification$_N$ issus de la communication animale :

a) **les *indices*** : les insectes portant des couleurs d'avertissement signalant au prédateur qu'ils ne sont pas comestibles[5].
b) **les *signes*** : les traces de pas d'animaux laissées sur le sol après leur passage.
c) **les *signaux*** : l'expression involontaire d'émotions, comme le fait de rougir ou de sourire[6].

Selon Reboul, les trois exemples ci-dessus correspondraient parfaitement à de la signification$_N$. Toutefois, ces exemples peuvent être problématiques, dans la mesure où ils ne sont pas nécessairement factifs. En effet, il arrive que des *indices* servent à communiquer des informations trompeuses. C'est le cas, par exemple, lorsqu'une espèce animale porte des couleurs d'avertissement alors

---

4 Reboul souligne que la factivité est le seul critère distinctif que Grice retient lorsqu'il revient sur la notion de significaiton$_{NN}$ dans ses travaux ultérieurs (*cf*. Grice 1989, Chapitre 18, cité par Reboul 2007, note 5).

5 Ce phénomène, largement répandu comme stratégie adaptative, se nomme plus précisément « aposématisme ».

6 Nous nous référons ici uniquement au sourire involontaire, ou « sourire de Duchenne » (*cf*. Duchenne, 1876, cité par Reboul 2007).

qu'elle n'est pas véritablement dangereuse pour ses prédateurs (on parle alors de « mimétisme batésien », *cf.* Malcolm (1990)). Dans ce cas, les couleurs d'avertissement n'impliquent aucunement que l'espèce animale n'est pas comestible[7]. En ce qui concerne les *signaux*, il suffit de penser à l'expression volontaire d'une émotion, également à des fins trompeuses. Il s'agirait, par exemple, de la simulation d'un sourire pour amadouer une personne ou pour cacher un autre type de sentiment (tristesse, colère, etc.). En ce sens, on ne peut parler de factivité pour qualifier ce type de communication. Toutefois, bien que ces différents exemples de communication animale comportent un certain nombre de problèmes, on retiendra que la factivité demeure le critère essentiel pour définir la signification$_N$.

En contraste avec la signification$_N$, Grice présente la notion de signification$_{NN}$ qui, quant à elle, est non-factive, volontaire et varie selon les contextes. Il illustre la notion de signification$_{NN}$ de la manière suivante :

(3) Those three rings on the bell (of the bus) mean that the « bus is full ».
    [Ces trois bruits de sonnette (du bus) signifient que le « bus est plein ».]

Selon Grice, le fait que les cloches sonnent dans le bus n'implique pas nécessairement, par nature, qu'il soit rempli. Au lieu d'être naturelle (ou nécessaire), la relation entre les deux éléments donnés est arbitraire et variable selon les contextes. Par exemple, il aurait été tout à fait envisageable que le son des cloches du bus signifie qu'il reste encore de la place.

Mais si la signification$_{NN}$ est variable selon les contextes, comment les individus procèdent-ils pour la comprendre ? Bien que cette question puisse paraître triviale, elle est fondamentale pour comprendre le fonctionnement de la communication humaine. Le postulat central de la théorie de Grice est que la signification$_{NN}$ relève d'intentionalités. En ses propres termes, « x *signifie$_{NN}$ quelque chose* est vrai si le locuteur avait l'intention d'induire une croyance dans une audience » (Grice 1957 : 217, *notre traduction*). En d'autres termes, on peut parler de signification$_{NN}$ lorsqu'il y a une intention de produire un « effet » dans une certaine audience.

Cependant, Grice souligne que ce premier niveau d'intentionnalité n'est pas suffisant pour caractériser la notion de signification$_{NN}$. Selon lui, la significaiton$_{NN}$ nécessite de passer par trois niveaux distincts, à savoir : a) le locuteur

---

7	Dans le contexte d'une communication personnelle, Tim Wharton nous a fait part du fait que l'exemple des couleurs d'avertissement des insectes ne semble pas adéquat pour illustrer la signification naturelle, précisemment à cause des occurrences trompeuses de ce trait.

a l'intention de produire un certain « effet » / une certaine réponse chez son destinataire ; b) le locuteur a l'intention que le destinataire reconnaisse son intention ; c) le locuteur souhaite que la réponse recherchée soit accomplie sur la basse de la reconnaissance de son intention[8]. Dans le Tableau 1 ci-dessous figurent les trois niveaux essentiels à l'identification d'une signification$_{NN}$:

Tableau 1. La significationNN selon Grice.

"U signifie$_{NN}$ quelque chose en énonçant x" est vrai *ssi*, pour une audience A, U a prononcé x avec l'intention que :

1) A produise une réponse particulière r.
2) A pense (reconnaisse) le fait que U a l'intention (1).
3) A accomplisse (1) sur la base de son accomplissement de (2).

Grice (1957 : 383-384), *notre traduction.*

Selon Grice, c'est véritablement la reconnaissance de l'intention du locuteur (étape 3) qui permet de distinguer les exemples (4) et (5) ci-dessous (Grice, 1957 : 218) :

> Contexte de (4) et (5) : *une personne cherche à induire la croyance chez Monsieur X que son épouse (Madame X) a une liaison avec Monsieur Y.*
> (4) Je montre à Monsieur X une photographie de Monsieur Y ayant un comportement de proximité excessive auprès de Madame X.
> (5) Je fais un dessin de Monsieur Y se comportant de cette manière et le montre à Monsieur X.

Seul l'exemple (5) correspondrait à de la signification$_{NN}$, parce que l' effet recherché – l'induction de la croyance que Madame X a une liaison avec Monsieur Y – ne saurait être produit sans la reconnaissance de l'intention du locuteur. Autrement dit, le dessin nécessite l'identification des raisons motivant sa réalisation pour comprendre le message intentionné, alors que cela n'est pas une nécessité en présence d'une photographie[9]. Ainsi, comme le souligne Reboul

---

8 Searle (2007 : 11) soulignera que c'est précisément cette auto-référentialité d'intentions qui constitue la propriété idiosyncrasique de la signification$_{NN}$.

9 Notons que, avec la photographie, le destinataire peut se poser la question des raisons ayant motivé le locuteur de la lui présenter. Toutefois, cette question n'est pas fondamentale dans l'identification du message intentionné (*i.e.*, que Madame X a une liaison avec Monsieur Y).

(2007), la reconnaissance de l'intention du locuteur se trouve être fondamentale pour caractériser la signification$_{NN}$:

> Thus, what is crucial for the recognition of meaning$_{NN}$ is not that the audience recognizes that the signal was intentional, but rather that this recognition plays a role in accessing the meaning of the signal.
>
> [Ainsi, ce qui est crucial pour la reconnaissance de la signification$_{NN}$ n'est pas le fait que l'audience reconnaisse le signal comme étant intentionnel, mais plutôt que cette reconnaissance d'intentionnalité joue un rôle dans la compréhension de ce que veut dire le signal.]
>
> Reboul (2007 : 268), notre traduction.

Avant de clore cette section, il convient de relever les ambiguïtés qui subsistent dans l'article *Meaning* (1957). Premièrement, l'opposition entre la 'signification$_N$' et la 'signification$_{NN}$' ne rend pas compte de manière exhaustive des différentes formes de communication humaine (*cf.* Reboul, 2007). En effet, il n'est pas possible de définir toutes les formes existantes de communication comme étant soit de la signification$_N$, soit de la signification$_{NN}$. Pour Grice, cette question n'entrait pas dans ses priorités de recherche : tout en admettant la possibilité qu'il existe des instances intermédiaires entre la signification$_N$ et la signification$_{NN}$, il souligne explicitement que ce problème est dans la périphérie de ses réflexions[10] :

> I do not want to maintain that *all* our uses of "mean" fall easily, obviously, and tidily into one of the two groups I have distinguished [...]. The question which now arises is this : "What more can be said about the distinction between the cases where we should say that the word is applied in a natural sense and the cases where we should say that the word is applied in a non-natural sense"?
>
> [Je n'ai pas l'intention de dire que *tous* les usages de "signifier" tombent facilement, de manière nette et évidente dans l'une de ces deux catégories que j'ai distinguées [...]. La question qui survient maintenant est celle-ci : « Que peut-on dire de plus au sujet de la distinction entre les cas où nous dirions qu'un certain mot est utilisé dans un sens naturel et les cas où nous dirions qu'un mot est utilisé dans un sens non-naturel ?]
>
> Grice (1957 : 379), notre traduction.

Le deuxième problème concerne une ambiguité terminologique dans l'article *Meaning*. Bien qu'il soit tout à fait clair que la signification$_N$ exclut toute communication linguistique, il est difficile de comprendre exactement quelle place la signification$_{NN}$ accorde à celle-ci. Cette ambiguïté réside dans une série

---

10 Bien que les niveaux intermédiaires entre la signification$_N$ et la signification$_{NN}$ ne sont pas discutés dans *Meaning*, Wharton (2009 : 184-190) souligne que Grice aborde ce point dans d'autres travaux, notamment dans Grice (1982).

d'exemples de signification$_{NN}$, présentés par Grice, ne reposant pas sur le langage (voir exemples (3)-(5) ci-dessus), tout en utilisant le terme d' « énoncé » (« *utterance* », en anglais) pour s'y référer, induisant ainsi le lecteur dans une certaine confusion. La clarification de ce dernier point sera l'objet des deux sections suivantes.

1.1.1. *La signification$_{NN}$ selon Searle*

Dans *What is a Speech Act ?* (1965), Searle se consacre à la notion de signification$_{NN}$ et souligne les aspects qui lui semblent problématiques. Il commence par l'analyse de la notion d'« effets » que le locuteur cherche à induire chez son interlocuteur. Selon lui, Grice manque de faire une distinction claire entre les actes *illocutoires* (*i.e.*, la compréhension de l'énoncé) et les actes *perlocutoires* (*i.e.*, le fait d'induire une croyance ou une action). Concernant ce problème, Searle dira, dans un article ultérieur, que la signification$_{NN}$ est tacitement définie comme un acte perlocutoire alors que cette notion devrait – selon lui – être reliée uniquement à la notion d'acte illocutoire :

> Grice's correct insight was to see the self-referentiality of the intention in human linguistic communication ; his mistake was to think that he could define meaning in terms of intending to produce effects on hearers.
> [L'intuition correcte de Grice était de voir l'auto-référentialité de l'intention dans la communication linguistique humaine ; son erreur était de penser qu'il pouvait définir la signification comme étant une intention de produire des effets chez l'interlocuteur.]
>
> Searle (2007 : 14), *notre traduction*.

Le second problème – le plus important selon Searle – est le fait que Grice n'explicite pas les liens entre la signification$_{NN}$ et les « règles et conventions » d'une langue donnée. En d'autres termes, Grice ne discute pas le lien entre le fait qu'un locuteur veuille signifier quelque chose à travers ce qu'il dit et ce que signifient réellement les paroles énoncées par un locuteur conformément à la langue utilisée (Searle 1965 :8).

Selon Searle, la signification$_{NN}$ concerne aussi bien l'intention communicative du locuteur que le signification conventionnelle (ou sémantique[11]) de la phrase. Dans certains cas, ces deux niveaux iront de pair, alors que dans d'autres cas ils seront incompatibles, comme en atteste l'exemple (6) ci-dessous,

---

11 Dans Searle (1965), le signification « conventionnelle » doit se comprendre comme étant le niveau sémantique d'une phrase. Désormais, pour des raisons de clarté, nous utiliserons le terme de « signification sémantique » pour nous référer à la signification conventionnelle de Searle.

proposé par Searle (1965 : 8). Le contexte de (6) est celui de la Deuxième Guerre mondiale, durant laquelle un soldat américain se fait capturer par des troupes italiennes. Son unique chance de survie est de prétendre qu'il est un allié allemand. Malheureusement, le soldat américain ne connaît pratiquement rien de l'allemand. Il prononce la seule phrase dont il se souvient, faisant le pari que les soldats italiens ne connaissent ne connaissent pas l'allemand et qu'ils penseront qu'il est allemand par le simple fait de reconnaître des sons provenant de cette langue[12] :

(6) Kennst du das Land, wo die Zitronen Blühen ?

Searle souligne ici que même si les troupes italiennes croient que l'énoncé (6) signifie$_{NN}$ « je suis une soldat allemand », sa signification sémantique demeure tout à fait différente. Selon les termes de Searle, l'acte perlocutoire (le fait d'induire la croyance que le soldat est allemand) ne correspond pas à l'acte illocutoire (la véritable signification de l'énoncé). Pour cette raison, Searle dira que la signification$_{NN}$ ne relève pas seulement d'intentions, mais également de « règles et de conventions ». C'est-à-dire, lorsqu'un énoncé a pour but une interprétation litérale, la signification sémantique joue un rôle essentiel dans la reconnaissance de l'intention communicative du locuteur.

En somme, Searle considère que la définition de Grice de la signification$_{NN}$ convient uniquement dans des contextes où les intervenants ne partagent pas le même code (*i.e.*, lorsqu'il n'y a aucune possibilité de décoder la signification sémantique). Par contre, lorsque les intervenants d'une conversation partagent le même code (*i.e.*, parlent littéralement et partagent la même langue), ils se fieront toujours à la signification sémantique afin de comprendre le vouloir-dire du locuteur. De manière surprenante, comme le soulignent Sperber et Wilson (1986/95), une telle approche nous ramène au modèle du code de la communication, où l'intention communicative du locuteur n'est pas inférée, mais décodée :

> The code model is reintroduced as the basic explanation of communication, but in the case of human communication, the message that is encoded and decoded is regarded as a communicator's intention.

---

12 Dans une communication personnelle, Louis de Saussure a souligné la ressemblance de l'exemple (6) avec les cas de mimétisme batésien (*i.e.*, lorsque des espèces animales portent de fausses couleurs d'avertissement, *cf.* § 1.1). Dans la mesure où chaque langue est associée à un répertoire phonétique spécifique, l'exemple (6) peut être conçu comme une forme trompeuse de signification naturelle.

[Le modèle du code est réintroduit comme explication fondamentale de la communication, mais dans le cas de la communication humaine, le message qui est encodé puis
décodé est vu comme l'intention de la personne qui communique.]

Sperber et Wilson (1986/95 : 25), *notre traduction.*

L'analyse de Searle se focalise uniquement sur la communication verbale. Soulignons qu'une telle approche ne semble pas correspondre au modèle original
de Grice, où la signification$_{NN}$ est – *a priori* – compatible à la fois avec la communication verbale et non-verbale. La section suivante, consacrée à la réponse
de Grice à Searle, permettra de clarifier à quoi s'applique véritablement la signi-
fication$_{NN}$: nous verrons que dans sa réponse, Grice définit explicitement la
signification$_{NN}$ comme étant liée à la communication de manière globale, à la
fois verbale et non-verbale.

1.1.2. La réponse de Grice à Searle

Dans *Utterer's meaning and intention* (1969), Grice développe et précise sa définition de la signification$_{NN}$. Pour commencer, il approuve les commentaires de
Searle concernant l'importance de l'apport sémantique pour saisir l'intention
communicative du locuteur. Il souligne que, lorsqu'il s'agit de communication
verbale, l'intention du locuteur est reconnue sur la base de l'usage conventionnel d'une phrase[13] (Grice, 1969 : 160-161). Cependant, Grice précise que même

---

13 Dans le texte original, Grice (1969 : 160-161) s'exprime de la manière suivante (*notre
traduction*): « Of course I would not want to deny that when the vehicle of meaning
is a sentence (or the utterance of a sentence) the speaker's intentions are to be reco-
gnized, in the normal case, by virtue of a knowledge of the conventional use of the
sentence (indeed my account of "non-conventional implicature" depends on this
idea). But […] I would like, if I can, to treat meaning something by the utterance of
a sentence as being only a special case of meaning something by an utterance […],
and to treat a conventional correlation between a sentence and a specific response
as providing only one of the ways in which an utterance may be correlated with a
response. »
[Bien entendu je ne voudrais pas nier le fait que lorsque la signification$_{NN}$ est véhiculée par une phrase (ou l'énonciation d'une phrase), les intentions du locuteur seront
reconnues, normalement, en vertu de connaissances liées aux usages conventionnels de la phrase (en effet, mon approche des « implicatures non-conventionnelles »
dépend de cette idée). Mais […] je voudrais, si je puis, traiter le fait de signifier$_{NN}$
quelque chose par l'énonciation d'une phrase comme étant uniquement un cas particulier du fait de signifier$_{NN}$ quelque chose par un énoncé […], et de traiter la corrélation conventionnelle entre la phrase et une réponse spécifique comme étant la

si une phrase ne correspond pas sémantiquement aux effets escomptés par le locuteur, cela ne l'empêche aucunement de signifier$_{NN}$ quelque chose :

> I would say that the fact that the sentence meant, and was known by me to mean something quite different is no obstacle to *my* having meant something by my utterance.
>
> [Je dirais que le fait que la phrase signifiait quelque chose, alors que j'étais conscient du fait qu'elle signifie quelque chose de très différent, n'est pas un obstacle au fait que j'aie voulu signifier$_{NN}$ quelque chose à travers mon énoncé.]
>
> Grice (1969 : 163), notre traduction.

Grice poursuit son argumentation en reprenant l'exemple (6) de Searle, tout en signifiant son désaccord au sujet de l'interprétation du problème. Selon Grice, le soldat américain ne signifiait$_{NN}$ pas « je suis un soldat allemand ». Pour appuyer son propos, il identifie une série d'étapes inférentielles qui auraient mené les troupes italiennes à croire qu'ils se trouvent face à un officier allemand (Grice, 1969 : 161, *notre traduction*):

a) Les soldats italiens ne savent rien de l'allemand ;
b) Ils reconnaissent des sons (semblables à ceux) de l'allemand ;
c) Ils n'ont aucune idée de ce que peut vouloir dire cette phrase au niveau sémantique ;
d) Mais si cette personne parle l'allemand, elle doit certainement être allemande.

Ainsi, au lieu d'avoir l'intention de faire croire aux italiens que la phrase signifiait$_{NN}$ « je suis un officier allemand », le soldat américain souhaitait qu'ils croient qu'« il doit certainement être allemand » en vertu des étapes inférentielles susmentionnées. Dans ce contexte, la signification sémantique de la phrase n'aura aucune influence sur la possibilité de faire croire aux troupes italiennes que le soldat est allemand.

Grice poursuit son analyse en donnant un autre exemple, quelque peu différent, afin de montrer que la signification sémantique et la signification$_{NN}$ sont indépendantes : une petite fille, apprenant à parler le français, croit (à tort) qu'une certaine phrase x signifie « Servez-vous d'une part de gâteau ». Afin de ne pas l'offenser, un locuteur natif du français s'adresse à la petite fille en prononçant la même phrase x. Il sait pertinemment que cette phrase ne signifie pas sémantiquement « Servez-vous d'une part de gâteau », mais cela ne l'empêche

---

source d'uniquement une parmi d'autres manières à travers laquelle une phrase sera corrélée avec une réponse].

pas de vouloir signifier$_{NN}$ cela. Grâce à cette phrase, la petite fille comprend parfaitement l'intention du locuteur, sur la base de ce qu'elle pense (à tort) que la phrase signifie sémantiquement. Grice souligne que si le locuteur natif du français avait utilisé la phrase adéquate (avec la signification sémantique correcte), la petite fille n'aurait pas été à même de comprendre la signification$_{NN}$ de sa phrase. Ainsi, cet exemple montre habilement que la communication permet de faire part d'un contenu spécifique entre des locuteurs d'une même langue, indépendamment de la signification sémantique de l'énoncé (Grice, 1969 : 162-163).

Cependant, malgré l'indépendance entre la signification$_{NN}$ et la signification sémantique, Grice admet que son modèle devrait permettre la distinction des deux exemples précédents (*i.e.*, l'énoncé (6) avec les troupes italiennes et celui avec la petite fille essayant de parler le français). Pour cette raison, Grice révise son modèle initial de la signification$_{NN}$ (règles 5-7), ajoutant en amont des étapes correspondant aux « caractéristiques de l'énoncé » (règles 1-4) :

Tableau 2. Modifications de Grice de la signification$_{NN}$ suite aux remarques de Searle.

Variables :
A : audience
f : caractéristiques de l'énoncé
r : réponses
c : modes de corrélation (par exemple, iconique, associatif, conventionnel)

$(\exists A)\ (\exists f)\ (\exists r)\ (\exists c)$:

U énonce x avec **l'intention que** :

1) A pense que x possède f ;
2) A pense que *U* **à l'intention** (1) ;
3) A se représente f comme étant corrélé à c, avec le type r auquel il appartient ;
4) A pense que U **à l'intention** (3) ;
5) A pense sur la base de l'accomplissement de (1) et (3) que *U* **à l'intention que** A produise r ;
6) A, sur la base de l'accomplissement de (5), produise r ;
7) A pense que *U* **à l'intention** (6).

Grice (1969 : 163), notre traduction.

Les modifications figurant ci-dessus ajoutent une complexité considérable au modèle initial de la signification$_{NN}$. Il se trouve d'abord un premier niveau (règles 1-4) qui concerne la compréhension des « caractéristiques de l'énoncé » (variable f). Ensuite, dès que ces caractéristiques sont associées à une certaine réponse *r*, l'interlocuteur les utilisera comme élément de preuve pour inférer la signification$_{NN}$ du locuteur (règles 5-7).

Concernant la nature exacte de la signification$_{NN}$, il convient de souligner le fait que les « caractéristiques de l'énoncé » ne semblent pas être restreintes à la communication verbale : en effet, si nous prêtons attention à la variable *c* (modes de corrélation), les caractéristiques sont corrélées à une réponse *r* à travers des « conventions » (la signification sémantique), mais également à travers de simples « associations » ou des « relations iconiques ». Cela appuie l'idée – évoquée plus haut – que le terme « énoncé » chez Grice ne s'applique pas uniquement à la communication verbale mais également à la communication non-verbale, comme par exemple la gestuelle, les mimiques faciales intentionnelles, ou des protocoles sociaux. Quelques décennies plus tard, Sperber et Wilson, statueront sur l'ambiguïté du terme « énoncé » de la manière suivante :

> Grice [...] use[s] the term "utterance" to refer not just to linguistic utterances, or even to coded utterances, but to any modification of the physical environment designed by a communicator to be perceived by an audience and used as evidence of the communicator's intentions.
>
> [Grice [...] utilise le terme « énoncé » pour se référer non seulement aux énoncés linguistiques ou même aux énoncés codés, mais également pour désigner toute modification de l'environnement physique engendrée par un communicateur pour qu'elle soit perçue par une audience et utilisée comme élément de preuve de l'intention du communicateur.]
>
> Sperber et Wilson (1986/95 : 29), *notre traduction.*

Les travaux de Grice ont suscité de nombreux débats quant à la signification exacte de sa terminologie. Pour citer un autre exemple, Wharton (2002, 2009) relève l'opacité de la distinction que Grice propose entre « dire » (*'said'*) et « ce qui est dit » (*'what is said'*), ainsi que l'opposition entre « dire » (*'saying'*) et « vouloir-dire » (*'meaning'*). Il souligne d'ailleurs, avec humour, le fait que cela constitue une forme de paradoxe :

> There's no small amount of irony in the fact that any attempt to characterize Grice's notions of saying and what is said is largely a matter of working out what he meant by what he said (and wrote) by them.
>
> [Il se trouve une certaine ironie dans le fait que toute tentative de définir les termes « dire » et « ce qui est dit » de Grice revient en grande partie à se poser la question de ce qu'il voulait dire à travers ceux-ci.]
>
> Wharton (2002 : 209), *notre traduction.*

Les ambiguités terminologiques chez Grice peuvent s'expliquer par le fait qu'un nombre significatif de ses travaux après *Meaning* (1957) proviennent de notes de conférences, les *William James Lectures* (1967), n'ayant été publiées qu'en partie et dans un ordre quelque peu aléatoire[14]. Selon Neale (1992 : 556, cité dans Wharton 2002 : 221, note de bas de page), beaucoup de confusions relatives à la théorie de la signification$_{NN}$ et à la théorie de la conversation de Grice proviennent de cela. Si l'on considère l'ensemble des publications de Grice, il est évident qu'il désignait aussi bien la communication verbale que la communication non-verbale.

Ainsi, Grice ne s'intéressait pas à la compréhension du langage en tant que tel, mais plutôt aux mécanismes qui sous-tendent la communication inférentielle. Dans sa perspective, le langage correspond à un élément de preuve de l'intention communicative du locuteur qui déclenchera ce pocessus inférentiel. Autrement dit, la signification$_{NN}$ peut utiliser le langage, mais elle n'est pas le langage.

1.2. La théorie des implicatures de Grice

Dans *Logic and Conversation* (1975), Grice explore les mécanismes qui sous-tendent la communication verbale. La question est de savoir comment un interlocuteur parvient à recouvrer la « signification totale d'un énoncé », qu'il présente comme étant divisée entre ce qui est *dit* et ce qui est *intentionné* (*i.e.*, l'intention communicative du locuteur). Afin d'illustrer le fossé existant entre le *dit* et l'*intentionné*, Grice présente l'exemple (7) ci-dessous :

> (7) *Contexte : A et B parlent de leur ami C qui travaille dans une banque. A demande à B comment C se porte dans son nouvel emploi. B répond :*
>
> B : Oh, quite well, I think ; he likes his colleagues, and he hasn't been to prison yet. [B : Oh, plutôt bien, je crois ; il apprécie ses collègues, et il ne s'est pas encore fait jeter en prison.]
>
> Grice (1975 : 43-44), *notre traduction.*

Si l'on regarde de plus près la contribution de B, celle-ci apparaît comme étant quelque peu surprenante, dans la mesure où elle ne répond pas à la question posée par A. En effet, A n'a absolument rien demandé au sujet de l'éventualité que C se fasse jeter en prison. Selon Grice, la réponse de B a pour but de suggérer ou impliciter quelque chose d'autre, allant au-delà du contenu strictement

---

14 Wharton (2002) explique que, pour diverses raisons, les conférences VI et VII ont été publiées sous une forme révisée en tant que Grice (1968) *Utterer's meaning, sentence meaning and word-meaning*, puis les conférences V et VI ont été publiées sous une forme révisée en tant que Grice (1969) *Utterer's meaning and intention* et, enfin, la conférence II a été publiée en tant que Grice (1975) *Logic and Conversation*.

explicite. Par exemple, B aurait pu utiliser la proposition « il ne s'est pas encore fait jeter en prison » pour dire implicitement que l'employeur de C est particulièrement sévère, ou alors que C a tendance à jouer avec la comptabilité d'une manière malhonnête. Ce n'est qu'après l'ajout d'un contenu implicite que nous parvenons à comprendre dans quelle mesure la réponse de B est véritablement liée à la question de A. Grice formule ce problème de la manière suivante : le locuteur utilise une proposition p pour impliciter q, qui n'appartient pas aux « conditions de vérité » de la proposition p. Il appelle le contenu implicite q une *implicature*[15].

Les conditions de vérité d'une phrase correspondent à une représentation de sa signification logique. Dans les traditions sémantiques, les « tables de vérité » permettent notamment de différencier la valeur de différents connecteurs logiques comme « ou », « et », « si x, alors y » (*cf.* exemple ci-dessous). Si l'on reprend l'énoncé (7) dans la forme simplifiée (7a), il s'analyserait comme étant composé de deux propositions, elles-même reliées par le connecteur « et » :

(7a) *(a)* Il apprécie ses collègues et *(b)* il ne s'est pas encore fait jeter en prison.

La valeur logique du connecteur « et » est présentée dans la table de vérité ci-dessous. Cette table représente quelles conditions doivent être remplies pour que « A et B » soit une proposition logiquement correcte. La lecture se fait de gauche à droite et peut se paraphraser de la manière suivante : « Si la proposition A est vraie et la proposition B est vraie, alors « A et B » est une phrase dont les conditions de vérité sont satisfaites. Par contre, si « la proposition A n'est pas vraie et que la proposition B est vraie, alors « A et B » est une phrase dont les conditions de vérité ne sont pas satisfaites, car il manque la vérité de A. Le raisonnement est le même pour les lignes suivantes. En somme, l'énoncé « A et B » ne peut être logiquement correct qu'à condition que A et B soient tous deux vrais :

---

15 Grice utilise d'abord les termes « impliciter », « suggérer », « signifier » comme des synonymes. Ce n'est que dans le développement de son article qu'il adopte une terminologie plus rigoureuse, où l'implicature correspond à des contenus implicites ayant des caractéristiques précises (*cf. infra*). Selon certaines terminologies francophones, on parlera d'*implicitation* pour se référer aux implicatures.

Table de vérité du connecteur « et »		
A	**B**	**A ET B**
Vrai	Vrai	Vrai
Faux	Vrai	Faux
Vrai	Faux	Faux
Faux	Faux	Faux

Ainsi, pour l'énoncé (7a), les conditions de vérité ne seront satisfaites que s'il est vrai que a) le protagoniste apprécie effectivement ses collègues et b) le protagoniste ne s'est pas fait jeter en prison. Toutefois, selon Grice, l'intérêt de cet exemple réside plutôt dans le fait que le locuteur communique un contenu implicite, allant au-delà de ses conditions de vérité. Autrement dit, l'implicature communiquée par le locuteur ne fait pas partie des conditions de vérité de la phrase. Cela aura notamment pour conséquence le fait que les implicatures sont logiquement annulables (nous reviendrons sur le critère d'annulabilité dans la section § 1.1.2.).

Même si Grice ne le dit pas explicitement, les implicatures sont de parfaits exemples de signification$_{NN}$[16] : pour comprendre de tels contenus, il est nécessaire d'aller au-delà du niveau explicite et d'émettre des hypothèses relatives à l'intention communicative du locuteur. Dans *Further Notes on Logic and Conversation* (1978 : 113), Grice dira que la réunion du contenu explicite et des implicatures devrait pouvoir rendre compte de la « signification totale des énoncés[17] ».

Logic and Conversation (1975) se fonde aussi sur l'ambition de montrer que le dispositif de la logique classique n'est pas suffisant pour expliquer la compréhension verbale. En d'autres termes, la logique classique ne permettrait pas de rendre compte du fossé existant entre le *dit* et le *vouloir-dire* du locuteur. Afin

---

16 À propos de *Logic and Conversation* de Grice, Sperber et Wilson (1986/95) diront : « les *William James Lectures* de Grice [i.e. Logic and Conversation] (…) offrent la possibilité de développer l'analyse de la communication inférentielle, suggérée dans son article "Meaning" (1957), en un modèle explicatif. »

17 Dans les travaux les plus récents de traditions post-gricéennes, on défend l'idée qu'une théorie de la communication devrait couvrir un champ plus large que celui proposé par Grice afin de rendre compte de contenus non-propositionnels. Cela inclut, par exemple, les « effets émotionnels » (*cf.* Wharton, 2016) et également les effets poétiques considérés comme étant « non-paraphrasables » (Sperber et Wilson, 2015).

d'étayer ce propos, Grice souligne un problème que la logique n'a jamais réussi à résoudre, à savoir le fait que les connecteurs logiques ($\neg$, $\wedge$, $\vee$, …) et leur équivalents en langage naturel (*ne… pas, et, ou, …*) ont des significations différentes (Grice 1975 : 41). À cet égard, Grice donne l'exemple de la valeur temporelle que prend la conjonction en langage naturel, comme en atteste le contraste entre (8a) et (8b) ci-dessous, qui n'équivaut pas à sa signification logique (*i.e.*, $A \wedge B = B \wedge A$) :

> (8a) Il enleva ses chaussures et alla au lit.
> (8b) Il alla au lit et enleva ses chaussures.

Adaptation de Grice (1989), notre traduction.

Le fait que l'énoncé (8b) heurte le bon sens de l'hygiène vient du fait que la conjonction comporte une valeur temporelle qui pourrait se paraphraser par « Il alla au lit et *ensuite* enleva ses chaussures ». Cet enrichissement, motivé par nos connaissances du monde, rend donc les deux énoncés (8a) et (8b) inéquivalents dans ce qu'ils encodent, contrairement à ce qui est suggéré par la valeur logique de la conjonction.

Au lieu d'attribuer ce phénomène à quelque « imperfection du langage » (Grice 1975 : 43), Grice propose un modèle explicatif concernant la « logique des conversations », c'est-à-dire le fonctionnent des inférences dans la communciation verbale. Dans sa théorie des implicatures, Grice définit la communication verbale comme étant gouvernée par un Principe Coopératif et guidée par quatre maximes conversationnelles (*i.e.*, Qualité, Quantité, Relation, Manière). Ce serait en vertu du Principe Coopératif que les participants contribuent rationnellement aux échanges conversationnels ; quant aux maximes conversationnelles, elles permettraient de guider l'interprétation des énoncés.

Nous nous tournerons maintenant vers la typologie des implicatures de Grice dans laquelle figurent les maximes conversationnelles (§ 1.2.1.), le critère d'annulabilité des implicatures conversationnelles (§ 1.2.2.) et le Principe Coopératif (§ 1.2.3.). Cela permettra de mettre en évidence les liens entre la théorie de Grice et la rétractation du locuteur dans les contenus implicites. En particulier, ces notions favorisont une meilleure compréhension de la « plausibilité » d'une rétractation d'un contenu implicite dans les théories de « manipulation ».

1.2.1. Typologie des implicatures

Selon Grice (1978 :113), la signification totale d'un énoncé peut se diviser en quatre catégories. Il y aurait 1) le contenu sémantique, *i.e.*, ce qui est dit ; 2) les implicatures conventionnelles ; 3) les implicatures conversationnelles généralisées ; et 4) les implicatures conversationnelles particularisées. Chacune de ces catégories sont présentées ci-dessous :

Les implicatures conventionnelles

La définition des implicatures conventionnelles est très succinte. Grice illustre cette notion avec l'énoncé (9) ci-dessous :

(9) He is an Englishman ; he is, therefore, brave.
     [Il est anglais ; il est, par conséquent, courageux.]
      → *Le fait qu'il soit courageux est une conséquence du fait qu'il est anglais.*
                                        Grice (1975 : 44), *notre traduction.*

Selon Grice, l'énoncé (9) engage le locuteur non seulement dans ce qu'il a littéralement dit, *i.e.*, « il est anglais *et* il est courageux », mais également dans une implicature conventionnelle, déclenchée par « *therefore* », signifiant que son courage est une « *conséquence du fait qu'il est anglais* ». Cette implicature serait conventionnelle dans la mesure où elle ne repose pas sur la récupération de l'intention communicative du locuteur, mais plutôt sur des conventions sémantiques. Dans l'exemple (9), l'implicature conventionnelle serait déclenchée par « therefore ».

À ce stade, il convient de souligner que les implicatures conventionnelles comportent deux problèmes essentiels.

Le premier vient de ce que l'on entend par « conventionnel ». Comme nous l'avons vu dans les deux sections précédentes (*cf.* débat entre Grice et Searle, § 1.1.2. et § 1.1.3.), la notion de signification conventionnelle faisait référence au niveau sémantique de la phrase. Or, dans le cas présent, les implicatures conventionnelles prêtent à confusion car il s'agirait – selon Grice – d'un cas isolé, distinct de ce qui est *dit* et de l'*intention communicative du locuteur*. En ses propres termes, « la signification conventionnelle des mots utilisés déterminera aussi bien ce qui est *implicité*, que ce qui a été *dit* » (Grice 1975 : 44). Cependant, ces précisions n'apportent aucune information quant à la nature exacte de ce qui est « conventionnel ». De plus, on pourrait aisément soutenir que dans l'exemple (9), la notion de conséquence amenée par *therefore* n'est pas déclenchée par des conventions, mais bien par une lecture de ce qui est *dit*. C'est d'ailleurs ce que Bach soutient dans *The Myth of Conventional Implicature* (1999 : 330), faisant valoir que la notion de conséquence entre la première et la deuxième proposition de la phrase (9) fait partie des conditions de vérité de la phrase[18].

---

18 Selon Bach, la notion d'implicature conventionnelle de Grice s'illustrerait mieux par un autre exemple, issu d'un article antérieur à *Logic and Conversation* (cf. Grice et White 1961 : 127), avec le connecteur « mais » (cf. exemples (10a) et (10b) ci-après). Toutefois, dans la perspective de Bach, la notion d'implicature conventionnelle demeure problématique, car elle regroupe plusieurs phénomènes distincts et

Le second problème de la catégorie des implicatures conventionnelles vient de l'utilisation du terme « implicature », dans la mesure où ces contenus n'appartiennent pas véritablement à l'intention communicative du locuteur, comme en atteste le commentaire de Grice ci-dessous :

> But while I have said that he is an Englishman, and said that he is brave, I do not want to say that I have SAID (in the favored sense) that it follows from his being an Englishman that he is brave, though I have certainly indicated, and so implicated, that it is so. [Mais tout en ayant dit qu'il est anglais, et dit qu'il est courageux, je n'ai pas l'intention de dire que j'ai DIT (au sens privilégié du terme) qu'étant donné qu'il est anglais il s'ensuit qu'il est courageux, bien que j'aie certainement indiqué, et par conséquent impliqué, qu'il en est ainsi.]
>
> Grice (1975 : 45), *notre traduction*

Dans la mesure où les implicatures reposent sur les intentions communicatives du locuteur, il semble quelque peu contradictoire d'utiliser le terme d''*implicature* conventionnelle' pour se référer à des contenus ne reposant pas spécifiquement sur les intentions du locuteur. Ainsi, il semble que la catégorie des implicatures conventionnelles mène à une impasse que Bach (1999 : 338) formulera en ces termes : « dans la mesure où les implicatures conventionnelles sont des implicatures, elles ne sont pas conventionnelles, et dans la mesure où elles sont conventionnelles, elles ne sont pas des implicatures » (*notre traduction*).

Toutefois, malgré les problèmes que pose cette catégorie, Grice a su désigner un phénomène linguistique qui ne semble ni correspondre à ce qui est « dit », ni à ce qui est véritablement implicité par le locuteur. Il s'agit notamment des effets de sens engendrés par le connecteur discursif « mais » (10a), par opposition à son équivalent logique « et » (10b) :

(10a) Elle est pauvre, mais elle est honnête.
(10b) Elle est pauvre et elle est honnête.

> Grice et White (1961 : 127), *notre traduction*.

Alors que (10a) et (10b) partagent les mêmes conditions de vérité, seul (10a) sera perçu comme étant indélicat, dans la mesure où le connecteur discursif « mais » ajoute un contraste entre le fait d'être pauvre et le fait d'être honnête, comme s'il était surprenant d'être à la fois pauvre et honnête. Selon Grice, ce contraste n'est pas sémantiquement encodé, étant donné que (10a) et (10b) partagent les mêmes conditions de vérité. Il ne s'agirait pas non plus d'une implicature, dans

---

reposerait davantage sur des intuitions que sur de véritables critères linguistiques. Pour aller plus loin concernant ce problème, voir également Potts (2005, 2007).

la mesure où la désignation de ce contraste ne fait pas partie de l'intention communicative du locuteur.

Plusieurs propositions ont été faites pour résoudre les problèmes que posent les implicatures conventionnelles. Selon Bach, certaines implicatures conventionnelles désignées par Grice sont véritablement encodées par la phrase (*i.e.*, elles font partie de ce qui a été *dit*, comme dans l'exemple (9) *He is an Englishman ; he is, therefore, brave*) alors que d'autres permettraient d'accomplir des actes de langage secondaires (*cf.* exemple (10a) *Elle est pauvre, mais elle est honnête*). Dans les approches post-gricéennes, les effets de sens provenant d'un connecteur discursif comme « mais » viendraient du fait qu'il encode une information 'procédurale' (Blakemore, 1987), imposant des contraintes interprétatives sur l'énoncé[19]. De manière générale, les approches les plus récentes semblent converger dans l'idée que ces informations découlent d'« instructions linguistiquement encodées » (Carston, 2002 : 2 ; Bezuidenhout, 2004 : 101-131 ; Jodłowiec, 2015 : 103), ce qui expliquerait notamment pourquoi les implicatures conventionnelles ont la caractéristique de ne pas être annulables.

Quoi qu'il en soit, la notion d'implicature conventionnelle soulève des questions importantes concernant les possibilités de rétractation du locuteur. Comme nous le verrons dans le Chapitre 3, les implicatures conventionnelles partagent avec les présuppositions la caractéristique d'être déterminées par le code linguistique mais sans pour autant être « ouvertement présentées comme manifestes » (Saussure 2013 : 181). Il s'agira d'évaluer de quelle manière de tels contenus sont consciemment traités par le destinataire et dans quelle mesure le locuteur sera tenu pour responsable de les avoir communiqués.

Les Implicatures Conversationnelles

Les implicatures conversationnelles forment une catégorie essentielle pour comprendre la notion de rétractation du locuteur, étant donné leur caractère annulable. Afin de comprendre une implicature conversationnelle, les participants d'une conversation suivent et observent certains principes de

---

19 En pragmatique cognitive, la notion de sens procédural a initialement été proposée par Blakemore (1987). Elle pose une distinction entre les informations dites « conceptuelles », qui contribuent aux conditions de vérité de la phrase, par opposition aux informations « procédurales », qui ne contribuent pas aux conditions de vérité de la phrase mais encodent une procédure interprétative du sens explicite de l'énoncé. Pour avoir une vision globale de cette problématique, voir Wilson (2011). Par ailleurs, la notion d'information procédurale est à rapprocher des expressions « instructionnelles » chez Ducrot (*cf.* Ducrot 1980).

communication : selon Grice, il s'agit d'un Principe de Coopération et de quatre maximes conversationnelles.

Les quatre maximes conversationnelles de Grice figurent dans le Tableau 3 ci-dessous. Selon lui, la compréhension des implicatures conversationnelles exige le respect de ces maximes, ou alors une violation ostensive de celles-ci. Bien entendu, le fonctionnement propre des maximes conversationnelles de Grice demanderait plus d'attention, notamment concernant son approche notable de la métaphore ou de l'ironie (*cf.* Grice 1975 : 53). Cependant, ces considérations n'étant pas primordiales pour la problématique de la rétraction de contenus implicites, nous nous contenterons de commenter sa catégorisation des maximes :

Tableau 3. Les maximes et sous-maximes conversationnelles de Grice.

---

1) Maxime de quantité :
  1 Veillez à ce que votre contribution soit aussi informative que requise (pour les buts établis au cours de l'échange conversationnel).
  2 Ne rendez pas votre contribution plus informative qu'il n'est requis.

2) Maxime de qualité :

Super-maxime :
Essayez de faire en sorte à ce que votre contribution soit vraie.

Sous-maximes :
  1 Ne dites pas des choses que vous pensez être fausses.
  2 N'affirmez pas de choses à propos desquelles vous manquez de preuves.

3) Maxime de relation :
Soyez pertinents.

4) Maxime de Pertinence :

Super-maxime :
Soyez clairs.

Sous-maximes :
  1 Évitez les expressions obscures.
  2 Évitez les ambiguïtés.
  3 Soyez brefs (évitez la prolixité).
  4 Soyez ordonnés.

Carston (2002 : 382-383), adapté de Grice (1975 : 45-47), *notre traduction.*

Les maximes conversationnelles de Grice se heurtent à un certain nombre de problèmes, abondamment discutés dans la littérature scientifique. Par exemple, comment expliquer le fait que certaines catégories de maximes incluent des sous-maximes, alors que d'autres n'en auraient pas ? De plus, concernant la maxime de qualité, il est légitime de se demander s'il est nécessaire pour le destinataire de faire l'hypothèse que la contribution du locuteur est véridique pour être en mesure d'interpréter son intention de communication. Par exemple, lorsqu'un locuteur énonce « Picasso est un monstre », le destinataire émet-il l'hypothèse que le locuteur communique sincèrement que Picasso est littéralement un monstre ? Ici, il est plus vraisemblable que le locuteur cherche à communiquer le fait que Picasso est porteur de certains attributs typiques des monstres, comme le fait de ne pas pouvoir se contrôler, de faire peur à autrui, d'être immoral, ou d'être dangereux… Ici, le destinataire comprend sans difficulté que l'interprétation littérale de l'énoncé n'est pas vraisemblable. Afin de résoudre le problème des contenus qui transgressent la maxime de qualité, Grice dira que l'intention communicative du locuteur est découverte sur la base de la violation ostensive de cette maxime. Ainsi, dans l'exemple plus haut, le locuteur violerait ostensiblement la maxime de vérité, permettant au destinataire de comprendre que le contenu n'a pas une valeur littérale. Cependant, cette solution ne convainc que partiellement, dans la mesure où elle ne permet pas de distinguer différents types de contenus transgressant la maxime de qualité, comme la métaphore et l'ironie, ayant pourtant des propriétés tout à fait distinctes (*cf.* Sperber & Wilson 1987/96 : 231-243).

Un autre élément surprenant dans la description des maximes conversationnelles de Grice concerne la brièveté avec laquelle il présente la maxime de relation, par rapport aux autres maximes : « Soyez pertinents ». Cela semble suggérer que cette catégorie n'est pas légitime. Toutefois, il convient de souligner que les maximes conversationnelles, dans leur configuration classique et largement diffusée (Tableau 3 ci-dessus), ne rend pas tout à fait justice à ses publications originales. Dans *Logic and Conversation*, Grice suggère que la notion de pertinence est en fait loin d'être simple. Il concède le fait qu'il n'a pas encore été en mesure d'identifier les lois qui régissent cette maxime :

Under the category of relation I place a single maxim, namely, « Be relevant ». Though the maxim itself is terse, its formulation conceals a number of problems that exercise me a good deal : questions about what different kinds and focuses of relevance there may be, how these shift in the course of a talk exchange, how to allow for the fact that subjects of conversations are legitimately changed, and so on.

[Dans la catégorie de relation, je place une seule maxime, à savoir, « Soyez pertinents ». Même si la maxime elle-même est concise, sa formulation cache un certain nombre de problèmes qui me travaillent beaucoup : des questions sur les différents types et axes de pertinence qu'il peut y avoir, comment celle-ci changerait dans le cours d'une

conversation, comment expliquer le fait que les sujets d'une conversation soient légiti-
mement changés, et ainsi de suite.]

Grice (1975 : 46), notre traduction.

Paradoxalement, ce sera la maxime de Pertinence – la plus laconique et énig-
matique chez Grice – qui se trouvera en position unique et centrale dans les
approches post-gricéennes (*cf.* Chapitre 3).

Revenant à la catégorie des implicatures conversationnelles, Grice distingue
deux sous-catégories, à savoir les implicatures conversationnelles *généralisées*
ainsi que les implicatures conversationnelles *particularisées*. Ces deux catégories se trouvent présentées ci-dessous :

Les Implicatures Conversationnelles Généralisées

Grice illustre ce que sont les implicatures conversationnelles généralisées
(désormais ICGs) à l'aide des deux énoncés suivants :

    (11)   X va rencontrer une femme ce soir.
         → *X va rencontrer une femme autre que son épouse, sa sœur, une amie, etc…*
    (12)   X est entré dans une maison hier et a trouvé une tortue […].
         → *X est entré dans une maison qui ne lui appartient pas.*

Grice (1975 : 56), notre traduction.

Dans les exemples ci-dessus, Grice souligne à nouveau une divergence entre une
interprétation purement logique des énoncés et leur interprétation complète,
en contexte. D'un point de vue logique, le fait que x rencontre « une » femme
ne génère aucune contradiction avec le fait que cette femme soit, par exemple,
son épouse. En effet, il est possible pour le locuteur de dire « *X va rencontrer
une femme ce soir, et la femme en question est son épouse* ». Ce dernier énoncé
ne présente aucune contradiction logique, mais semble toutefois étrange : cela
vient du fait que l'article indéfini « un-e » suggère que la femme rencontrée par
x sera autre que sa propre épouse. Dans une logique gricéenne, si le locuteur
voulait parler de sa propre épouse, il l'aurait directement mentionnée, plutôt
que d'employer un terme vague. Le raisonnement est identique pour l'énoncé
(12), où « *une* maison » déclencherait l'implicature que la maison en question
n'est pas celle de x.

Au premier abord, il semble difficile de distinguer les ICGs des implicatures
conventionnelles, dans la mesure où toutes deux semblent être reliées à un
usage « conventionnel » du langage. Cette ambiguïté peut également se trouver
dans les définitions que Grice donne pour ces deux catégories, qui semblent
être interchangeables : d'un côté, les ICGs sont définies comme étant reliées
à « l'usage d'une certaine forme de mots dans un énoncé » (*the use of certain*

form of words in an utterance, Grice 1975 : 56), et de l'autre côté les implicatures conventionnelles sont liées à « l'usage conventionnel des mots » (*the conventional meaning of words,* Grice 1975 : 44). Malgré ces éléments qui engendrent une certaine confusion, Grice souligne deux critères essentiels permettant de distinguer ces deux catégories : premièrement, les ICGs – contrairement aux implicatures conventionnelles – seraient inférées grâce à l'observation de certains principes conversationnels ; deuxièmement, les contenus amenés par des ICGs sont annulables, bien que dans des circonstances particulières (cf. § 1.2.2.).

Les Implicatures Conversationnelles Particularisées

Les implicatures conversationnelles particularisées (désormais ICPs) sont les implicatures les plus connues de Grice. Elles ne dépendent pas d'un déclencheur lexical particulier dans un énoncé, mais plutôt du contexte dans lequel l'énoncé a lieu :

> [PCIs occur] on particular occasion in virtue of special features of the context [and when] there is no room for the idea that an implicature of this sort is NORMALLY carried by saying *p.*
>
> [[Les ICPs ont lieu] dans des occasions spécifiques en vertu de caractéristiques spéciales du contexte [et lorsque] il n'est en aucun cas imaginable qu'une implicature de ce type soit NORMALEMENT déclenchée en disant *p*]
>
> Grice (1975 : 56), notre traduction.

Grice donne de nombreux exemples d'ICPs afin d'expliquer comment les destinataires utilisent les maximes conversationnelles pour comprendre l'intention communicative du locuteur. Parmi ces exemples figure l'échange (13) ci-dessous, l'un des plus classiques pour illustrer les ICPs :

(13) *Contexte : A demande à B où C habite. A souhaite savoir exactement où C habite.*

A: Où habite C ?
B: Quelque part dans le sud de la France.
→ *B ne sais pas exactement où C habite.*

Comme nous le voyons ci-dessus, la réponse donnée par B n'est pas aussi informative que A aurait pu le souhaiter. Selon Grice, il y aurait ici une violation de la maxime de *Quantité, i.e.* « rendez votre contribution aussi informative qu'il est nécessaire ». Cependant, étant donné que A imagine que B est coopératif, il lui sera possible de comprendre l'implicature voulant que « B ne sait pas *exactement* où C habite ». Dans le cas présent, Grice considère que, au-delà du Principe de Coopération, c'est la maxime de *Qualité* (*i.e.* « ne donnez pas d'informations pour lesquelles vous n'avez de preuve ») qui déclenche l'implicature.

1.2.2. L'annulation des implicatures conversationnelles

Comme mentionné plus haut, Grice définit un certain nombre de critères pour distinguer les implicatures conversationnelles d'autres contenus, que ce soient les implicatures conventionnelles ou les contenus explicites (*i.e.*, ce qui est dit). Parmi ces critères figure son test d'annulabilité[20] qu'il présente comme suit :

> A putative conversational implicature that *p* is explicitly cancellable if […] it is admissible to add *but not p*, or if I can find *do not mean to imply that p*, and it is contextually cancellable if one can find situations in which the utterance of the form of words would simply not carry the implicature.
>
> [Une implicature conversationnelle putative que *p* est explicitement annulable si […] il est admissible d'ajouter *mais non p*, ou si je peux trouver *ne souhaite pas signifier que p*, et elle est contextuellement annulable si l'on peut trouver des situations dans lesquelles l'énonciation de la forme de ces mots n'amènerait pas cette implicature.]
>
> Grice (1978 : 115-116), notre traduction.

De manière intéressante, Grice distingue les annulations *explicites* d'implicatures des annulations *contextuelles* : dans le premier cas, il s'agit d'un test linguistique dévoilant la possibilité strictement logique d'annuler une implicature (« il est admissible d'ajouter *mais non p* »), alors que dans le second cas, ce sera un contexte spécifique qui empêchera le déclenchement d'une implicature (« si l'on peut trouver des situations dans lesquelles l'énonciation de la forme de ces mots n'amènerait pas cette implicature »). En faisant cette distinction, Grice semble considérer que, suivant la perspective envisagée, l'annulabilité des implicatures sera plus ou moins acceptable. Par exemple, même si une implicature est logiquement annulable, le contexte pourrait malgré tout « forcer » l'interlocuteur à comprendre l'implicature en question, la rendant ainsi pragmatiquement non-annulable. Grice n'explorera pas davantage cette distinction et conservera uniquement la notion d'annulation explicite – l'approche strictement logique – comme critère définitoire des implicatures conversationnelles.

---

20 Grice donne également le critère de 'détachabilité' pour distinguer les implicatures conventionnelles des implicatures conversationnelles. Une implicature sera détachable s'il est possible de trouver un autre énoncé, avec les mêmes conditions de vérité, qui n'amène pas la même implicature. D'un côté, les implicatures conventionnelles sont considérées comme détachables, car si la forme linguistique change, l'implicature disparaîtra (*i.e.* elle sera détachée). De l'autre côté, les implicatures conversationnelles sont considérées comme étant non-détachables, car une même implicature peut être déclenchée par différentes formes linguistiques. *i.e.* elles sont déclenchées en fonction du contexte. Pour plus de détails à ce sujet, voir Grice (1975 : 44-45), Moeschler et Auchlin (2009 : 174-175) et Blome-Tillmann (2013 : 177-179).

Toutefois, dans le Chapitre 4, nous soulignerons l'importance de la distinction entre une annulation *logique* et une annulation *pragmatique* pour saisir les mécanismes de rétractation de contenus implicites.

Dans *Further Notes on Logic and Conversation* (1978), Grice explique plus en détail de quelle manière les implicatures conversationnelles sont « explicitement annulables ». Comme nous l'avons vu plus haut, les implicatures conversationnelles généralisées sont déclenchées par des expressions particulières appartenant au contenu litéral. Dans les exemples (11) et (12), reportés ci-dessous, les implicatures sont parfaitement annulables sans que cela ne génère une incohérence logique. Il est même aisé d'imaginer un contexte dans lequel ces annulations pourraient avoir lieu, comme en attestent les exemples (11a) et (12a) :

(11) X va rencontrer *une* femme ce soir.
      → *X va rencontrer une femme autre que son épouse, sa sœur, une amie, etc...*
(11a) X va rencontrer une femme ce soir, *mais je ne sais plus s'il s'agissait de sa mère ou de sa soeur.* (Annulation de l'implicature en (11)).
(12) X est entré dans une maison hier et a trouvé une tortue [...].
      → *X est entré dans une maison qui ne lui appartient pas.*
(12a) X est entré dans une maison hier et a trouvé une tortue. *En fait, X m'a dit ce matin que c'est dans sa propre maison qu'il a trouvé la tortue !* (Annulation de l'implicature de (12)).

Quant aux implicatures conversationnelles particularisées, celles-ci sont les plus prototypiquement annulables. Dans l'exemple (13) ci-dessous, B_2 annule l'éventuelle implicature qui aurait pu être tirée à partir de l'énoncé B_1 :

(13) A: Où habite C ?
      B_1: Quelque part dans le sud de la France.
      → *B ne sait pas exactement où C habite.*

      B_2 : Quelque part dans le sud de la France... *mais si tu souhaites lui envoyer une carte postale, je peux te dire exactement où il habite !* (Annulation de l'implicature de B_1).

En somme, Grice présente l'annulabilité des implicatures comme un test linguistique pour identifier ces contenus, sans s'intéresser aux effets pragmatiques que pourrait engendrer une telle annulation. Sur le plan cognitif et argumentatif – nous le verrons plus tard – l'intérêt des implicatures conversationnelles réside dans les éventuels motifs qui amènent le locuteur à les annuler (ou à les rétracter) ainsi que dans les effets pragmatiques engendrés par l'annulation d'une implicature. Dans certains cas, l'annulation servira à réctifier un malentendu, alors que dans d'autres cas elle servira à cacher des intentions de manipulation (*cf.* Chapitre 2). Enfin, quelles que soient les intentions véritables du locuteur, l'annulation d'une implicature sera perçue comme étant plus ou moins acceptable suivant le contexte.

1.2.3. Le Principe de Coopération

Dans *Logic and Conversation* (1975), Grice soutient qu'un « Principe de Coopération » gouverne tous les échanges conversationnels, garantissant ainsi la réussite la communication verbale. Il définit le Principe de Coopération de la manière suivante :

> Make your conversational contribution such as is required, at the stage at which it occurs, by the accepted purpose or directions of the talk exchange in which you are engaged.
>
> [Rendez votre contribution conversationnelle telle qu'elle est requise, au moment où elle a lieu, par les buts et directions reconnus de l'échange conversationnel dans lequel vous êtes engagés.]
>
> Grice (1975 : 45), *notre traduction.*

Selon Grice, les efforts coopératifs contribuent à la rationalité de l'échange conversationnel, permettant d'éviter une « succession de remarques déconnectées » (Grice, 1975 : 45). Autrement dit, le Principe de Coopération désigne le fait que, dans un échange verbal, le locuteur et le destinataire souhaitent avant toutes choses à se comprendre l'un et l'autre, avant même de chercher à atteindre les mêmes buts « extralinguistiques ». Comme le souligne Oswald (2010), c'est grâce à cette posture rationnelle que les participants à une conversation parviennent à se comprendre :

> His work is actually concerned with communicative *rationality* ; just as logicians elaborated a formal system for the logic of propositions, Grice thought there was a logic of conversations which followed certain rational standards that humans observe […] when they communicate.
>
> [Son travail se focalise véritablement sur la rationalité de la communication ; tout comme les logiciens qui ont mis en place un système formel pour la logique des propositions, Grice pensait qu'il existait une logique des conversations qui suivait un certain nombre de critères rationnels que les humains observent […] lorsqu'ils communiquent.]
>
> Oswald (2010 : 11), *notre traduction.*

Afin d'éclaircir la signification du Principe de Coopération, Oswald (2011 : 10-34) présente une analyse dans laquelle il identifie trois niveaux de coopération rendus possibles par l'usage de la communication verbale. Il distingue, d'une part, la « coopération communicative » de la « coopération informative »,

et d'autre part la « coopération perlocutoire » des deux premiers niveaux
mentionnés :

1) **La Coopération Communicative (CC)** : avant même d'avoir dit quoi que ce soit,
le locuteur doit avoir l'intention de communiquer un énoncé doté de sens. Le destinataire, de son côté, doit avoir l'intention d'écouter et interpréter l'énoncé du
locuteur. Ce premier niveau correspond à une propension à (ou une volonté de)
communiquer.

2) **La Coopération Informative (CI)** : lorsque le locuteur et son destinataire communiquent, tous deux doivent avoir l'intention de partager des représentations. Ce
niveau correspond aux processus mis en œuvre permettant l'attribution de sens
aux contenus communiqués.

3) **Cooperation Perlocutoire (CP)** : ce niveau concerne les buts extralinguistiques
qui peuvent être visés ou atteints à travers la communication. Dans l'exemple où
A demande à B où C habite (cf. exemple (13)), le but extralinguistique serait que
A puisse envoyer une carte postale à C. Afin d'être coopératif au niveau perlocutoire, l'interlocuteur devra reconnaitre les buts extralinguistiques du locuteur et
chercher à rendre sa contribution pertinente à l'égard de ceux-ci.

Oswald insiste sur l'importance de la distinction entre CC et CI, malgré le fait
qu'elle puisse paraître insignifiante. En effet, lorsqu'un locuteur énonce quelque
chose et cherche à se faire comprendre (CI), il va de soi qu'il aura préalablement eu l'intention de communiquer quelque chose de sensé (CC). Or, dans
la perspective d'Oswald, ces catégories désignent deux niveaux distincts de la
communication, où CC est relié à une posture rationnelle de la communication
et constitue, de ce fait, une « condition nécessaire pour la communication »
(Oswald, 2011 : 30), alors que CI est lié à la rationalité du traitement de stimuli
linguistiques particuliers. À la lumière de ces remarques, le Principe Coopératif
de Grice apparaît comme étant de la Coopération Communicative (CC) alors
que les maximes conversationnelles expliqueraient la manière dont l'information communiquée est traitée (CI).

En ce qui concerne la Coopération Perlocutoire (CP), Oswald (2010 : 47) souligne que pour atteindre des buts extralinguistiques, il est nécessaire de coopérer au niveau CC et CI : par exemple, si B souhaite que A puisse envoyer une
carte postale à C, il est nécessaire qu'il fournisse des informations sensées et
pertinentes à l'égard des besoins de A. Cependant, la relation causale ne s'applique pas dans l'autre sens : le locuteur et son destinataire peuvent très bien
se comprendre l'un et l'autre sans pour autant partager les mêmes buts extralinguistiques. C'est pour cette raison qu'Oswald insiste sur le fait que CC et
CI sont « définitoires de la communication verbale, alors que CP ne l'est pas »
(Oswald 2010 : 47).

Malgré le fait que la Coopération Perlocutoire ne soit pas définitoire de la communication verbale, ce niveau de coopération demeure essentiel pour saisir la problématique de la rétractation de contenus implicites, dans la mesure où elle permet de distinguer les rétractations bienveillantes des rétractations malveillantes (voir Tableau 4 ci-dessous). Dans une configuration bienveillante, où le locuteur est coopératif au niveau perlocutoire (CP), l'annulation de l'implicature servira uniquement à corriger un malentendu. Autrement dit, le locuteur a sincèrement l'envie de se faire comprendre et a sincèrement envie de satisfaire les buts extralinguistiques de son destinataire. À l'inverse, dans une configuration malveillante, le locuteur est non-coopératif au niveau CP, signifiant que le locuteur ne souhaite pas se montrer coopératif vis-à-vis des buts extralinguistiques recherchés par le destinataire. Dans ce contexte, l'annulation d'une implicature par le locuteur équivaudrait à une tentative de manipulation.

Le tableau ci-dessous permet de montrer plus simplement la différence essentielle qui réside entre la coopération communicative (CC) et informative (CI) d'une part, et la coopération perlocutoire d'autre part :

Tableau 4. Coopérativité « + » ou non-coopérativité « - » dans la communication, selon Oswald (2010).

	Communication	Manipulation
Coopération Communicative (CC)	+	+
Coopération Informative (CI)	+	+
Coopération Perlocutoire (CP)	+/-	-

Nous pouvons voir ci-dessus que la communication dépend de l'activation (*i.e.*, « + ») de la coopération communicative (CC) et informative (CI). Cependant, elle ne dépend aucunement de l'activation de la Coopération Perlocutoire. En effet, on parlera de communication aussi bien lorsque la coopération perlocutoire est présente ou absente (*i.e.*, « +/- »). En ce qui concerne la manipulation, il est intéressant de voir qu'elle requiert l'activation de la coopération communicative et informative, tout comme n'importe quel acte de communication. La seule chose qui distingue la manipulation de la simple communication est le statut de la coopération perlocutoire : pour la manipulation, la coopération perlocutoire est absente (*i.e.*, « - »).

1.3. Conclusion

Dans ce chapitre, nous avons tenté de saisir du mieux possible deux concepts fondamentaux en pragmatique : 1) la définition de Grice de la signification$_{NN}$, qui instaure les bases d'un modèle inférentiel de la communication et 2) la théorie des implicatures de Grice, qui propose un modèle explicatif quant à la manière dont nous parvenons à comprendre la signification d'un énoncé verbal.

Deux problèmes essentiels ont été soulevés au sujet de l'article de Grice *Meaning* (1957) : le premier est lié à un manque d'exhaustivité dans la distinction qu'il opère entre la signification$_N$ et la signification$_{NN}$. En effet, ces deux catégories permettent uniquement de présenter la problématique des significations non-naturelles, omettant de rendre compte de catégories différentes ou intermédiaires entre la signification$_N$ et la signification$_{NN}$. Le second problème concerne la difficulté d'évaluer si la signification$_{NN}$ désigne uniquement des occurrences de communication verbale (comme cela est suggéré par Searle), ou si elle concerne la communication en général, qu'elle soit verbale ou non-verbale. Pour répondre à cette question, nous avons abordé un article ultérieur de Grice, *Utterer's meaning and intention* (1969), dans lequel ce point est clarifié : la signification$_{NN}$ doit être comprise comme étant liée à toutes les formes de communication inférentielle, qu'elle soit verbale ou non-verbale.

Dans un deuxième temps, l'analyse de *Logic and Conversation* (1975) a mis en exergue le modèle explicatif de Grice concernant la manière dont la communication verbale est comprise par le destinataire, spécifiquement lorsqu'il doit comprendre des contenus implicites. Grice identifie deux grandes catégories d'implicatures : 1) les implicatures conventionnelles et 2) les implicatures conversationnelles, elles-mêmes comprenant les implicatures conversationnelles *généralisées* et *particularisées*. Pour être comprises, seules les implicatures conversationnelles exigent l'observation de « règles conversationnelles », comprenant le Principe de Coopération et quatre maximes conversationnelles. Les implicatures conversationnelles ont la propriété d'être annulables sans amener de contradiction logique par rapport à ce qui a été explicitement *dit*. Nous verrons dans le prochain chapitre que cette propriété est fondatrice de la notion de « rétractabilité » dans la communication implicite.

Enfin, l'analyse du Principe de Coopération de Grice, à la lumière de Oswald (2010), nous a permis de souligner que ce principe doit se rattacher à la rationalité des interlocuteurs dans la communication et non aux buts recherchés à travers un acte de communication. Dans cette perspective, même un acte de manipulation requiert une certaine coopérativité entre le locuteur et son destinataire : en effet, pour que le locuteur puisse tromper son destinataire à travers un contenu implicite, il est nécessaire que ce contenu soit véritablement compris.

Chapitre 2. La communication implicite comme outil de manipulation

2.0. Introduction

Ce chapitre présente deux approches de la communication implicite, à savoir *The Logic of Indirect Speech* de Pinker et collègues (2008)[21] et les travaux de Reboul (2011, 2017) sur l'évolution du langage et de la communication implicite. Les deux approches présentent une théorie concernant les motifs sous-jacents de la communication implicite, à la lumière de la théorie des jeux et de la psychologie évolutive.

La théorie des jeux (*Game theory*) est une discipline issue des mathématiques et des sciences économiques. Elle étudie les situations dans lesquelles le sort d'une personne dépend à la fois de ses propres décisions et de celles prises par d'autres personnes. Cette approche a développé différents modèles, chacun comprenant les variables suivantes : nombre et rôle des acteurs ; champ d'actions possibles des joueurs ; nature de l'information accessible aux joueurs (*i.e.*, complète ou partielle); type de communication permise entre les joueurs (*i.e.*, peuvent-ils communiquer entre eux ou sont-ils interrogés séparément). Quelle que soit la configuration du jeu, l'objectif est toujours d'identifier le meilleur rapport entre les coûts et bénéfices à la portée du joueur, tenant compte des décisions potentielles des autres acteur du jeu.

Le modèle le plus pertinent, pour la présente analyse, est sans doute le « dilemme du prisonnier », attribué à Albert Tucker (*cf.* Mérő 1998 : 28-30). Dans ce jeu, des policiers interrogent séparément deux prisonniers afin d'obtenir l'aveu d'un crime. On parle de « dilemme » dans la mesure où les prisonniers ne peuvent communiquer l'un avec l'autre et leur condamnation dépend des décisions prises par l'autre. En effet, chaque prisonnier a le choix entre deux actions, à savoir la non-coopérativité (*i.e.*, le prisonnier nie son crime et celui de son complice) et la coopérativité (*i.e.*, le prisonnier avoue son crime et celui de son complice). Si les deux prisonniers nient leur crime, alors chacun recevra une peine de seulement un an de prison. Toutefois, dans une perspective stratégique, la non-coopérativité présente le risque que l'un des deux prisonniers décide de coopérer avec la police. Dans ce cas, la personne n'ayant pas coopéré

---

21 Voir également Pinker (2007), Lee et Pinker (2010).

recevra une peine de 20 ans, alors que l'autre sera libre. Enfin, si chacun décide de coopérer avec la police, cela permet un rendement optimal entre les potentiels risques (cinq ans de prison si l'autre coopère) et les potentiels bénéfices (être libre si l'autre ne coopère pas):

Tableau 5. Dilemme du prisonnier (Pinker et al. 2008 : 834).

| | | Joueur B | |
		Avoue le crime	**Nie le crime**
Joueur A	Avoue le crime	A : 5 ans de prison B : 5 ans de prison	A : libre B : 20 ans de prison
	Nie le crime	A : 20 ans de prison B : libre	A : 1 an de prison B : 1 an de prison

Par la suite, nous verrons comment Pinker et collègues appliquent le raisonnement du dilemme du prisonnier pour évaluer les risques et bénéfices provenant de la communication implicite.

En ce qui concerne la psychologie évolutive, elle étudie la psychologie humaine (la communication verbale, les émotions, les mécanismes de confiance, de croyance, de vigilance, etc....) sous un angle biologique. Dans cette perspective, les facultés mentales sont régulées par un organe – le cerveau – qui est lui-même composé de différents « modules » ou processus (Fodor, 1983). De plus, la psychologie évolutive envisage l'architecture de l'esprit comme étant le « produit de processus évolutifs » (Barkow et al. 1995 : 7). C'est-à-dire, chaque trait psychologique est considéré comme une adaptation résultant de pressions sélectives. Ainsi, afin d'analyser un trait psychologique et expliquer comment celui-ci a pu émerger, deux questions principales se posent : 1) quels sont les coûts engendrés par l'émergence de ce trait (par exemple, les coûts énergétiques de traitement cognitif, ou alors les éventuels risques sociaux encourus par l'émergence d'un trait psychologique) et 2) quels sont les bénéfices apportés par l'émergence d'un tel trait (*i.e.*, quels problèmes a-t-il résolus en termes de pressions sélectives, dans quelle mesure ce trait améliore-t-il les capacités de survie ou/et de reproduction de l'espèce ?). Tous les traits psychologiques comprennent à la fois des coûts et des bénéfices. Par exemple, l'accroissement du volume cérébral – au cours de l'évolution de la lignée *homo* – n'a pas seulement engendré des bénéfices pour notre espèce (permettant notamment des facultés de raisonnement plus sophistiquées), cela a également engendré un certain nombre de coûts énergétiques qu'il a fallu assumer par le biais d'apports nutritifs plus conséquents ou de meilleure qualité (Fonseca-Azevedo et Herculano-Houzel, 2012). Quoi qu'il en soit, afin d'expliquer l'émergence et la stabilisation d'un trait au sein d'une espèce, ses bénéfices doivent nécessairement être plus importants que ses coûts (Okasha, 2008). De manière intéressante, la théorie des jeux a parfois été appliquée dans le domaine de la psychologie évolutive, dans le but d'expliquer quels comportements (ou traits) sont susceptibles de se stabiliser au sein d'une population (Easley et Kleinberg 2010 : 189). On parlera alors de 'théorie des jeux évolutive' (*Evolutionary Game theory*).

C'est donc à la lumière de la théorie des jeux et de la psychologie évolutive que Pinker et al. (2008) et Reboul (2011, 2017) abordent la communication implicite, émettant l'hypothèse qu'elle n'a pas émergé pour améliorer la communication verbale, mais plutôt pour doter notre espèce de formes plus sophistiquées de manipulation. Dans leur perspective, le potentiel manipulatoire de la communication implicite vient du fait qu'elle permettrait de rétracter ces contenus de manière plausible. Cela veut dire qu'un locuteur aurait la possibilité de communiquer un contenu implicite dans le but de manipuler son audience, puis d'annuler ce contenu dès que l'intention de manipulation est suspectée[22]. La possibilité de se rétracter de contenus implicites ne permettrait pas seulement au locuteur de cacher ses intentions de manipulation, cela le protègerait également contre les risques de punition ou d'exclusion d'un groupe social.

La première section de ce chapitre est consacrée à l'article de Pinker et collègues (2008), *The Logic of Indirect Speech*, d'où provient la notion de « rétractation plausible » (*plausible deniability*). Dans leur perspective, la communication implicite est majoritairement utilisée dans des situations conflictuelles. Dans de tels contextes, elle représente un bénéfice pour le locuteur dans la mesure où elle accroît ses chances d'atteindre des buts, sans pour autant qu'il encoure des risques de répression (§ 2.1.1.). Pinker et collègues distinguent les rétractations plausibles (*plausible deniability*), qui sont celles qui permettent des formes de manipulation, des rétractations possibles (*possible deniability*), qui permettent uniquement d'ajuster ou négocier les relations sociales (Goffman, 1982 ; Brown et Levinson, 1987). Dans leur perspective, les rétractations possibles surviennent dans des contextes où le locuteur émet des propositions socialement délicates, mettant potentiellement en danger la face sociale du locuteur ou du destinataire. Dans de tels cas de figure, il arrive que le contenu implicite ne soit pas plausiblement rétractable (car celui-ci est relativement transparent) mais il

---

22 Comme nous l'avons vu dans le Chapitre 1, la propriété de rétractabilité doit se rattacher aux implicatures conversationnelles de Grice et à leur caractère annulable.

demeure toutefois possiblement rétractable, permettant ainsi au locuteur, si sa demande devait être refusée ou jugée inappropriée, de préserver la face sociale.

La deuxième section de ce chapitre est consacrée à l'approche de Reboul (2011, 2017), qui défend l'idée que la communication implicite est fondamentalement manipulatrice, mettant de côté les problèmes de face sociale abordés chez Pinker et collègues. Dans un premier temps, Reboul (2011, 2017) souligne une potentielle contradiction entre la dimension manipulatrice de la communication implicite et le Principe Coopératif de Grice. Pour résoudre ce problème, elle propose d'écarter la notion de coopération gricéenne au profit d'une distinction entre différents niveaux d'intention de communication (intention proximales *vs* intentions ultimes). Dans un second temps, elle présente son modèle de l'évolution de la communication implicite, dans lequel la communication implicite révèlerait les raisons pour lesquelles la compétence linguistique – étant essentiellement un outil de pensée – se serait externalisée. Dans la perspective de Reboul, la communication implicite est un outil de manipulation idéal dans des contextes argumentatifs, où le locuteur cherche à faire valoir ses propres intérêts, sans que cela ne soit nécessairement hostile pour son destinataire.

Malgré les similarités qu'exhibent ces deux approches, elles divergent en trois points essentiels : le premier concerne le champ auquel s'applique la notion de « communication implicite »; le deuxième concerne leur définition de la manipulation ; et le troisième point est relatif à la portée de chacun de ces modèles : chez Pinker et collègues, on s'intéresse à l'utilité de la communication implicite de manière purement synchronique, alors que chez Reboul, il s'agit d'expliquer l'émergence de ce trait dans l'évolution de notre espèce. Ces éléments de distinction permettront, en conclusion de ce chapitre, de mieux souligner les apports et les éventuelles limites de ces théories.

2.1. La logique du discours implicite

Pinker et collègues (2008) parlent de discours implicite (ou discours indirect, à ne pas confondre avec discours rapporté) pour se référer aux implicatures conversationnelles de Grice : cela correspond aux situations dans lesquelles le sens intentionnel du locuteur n'équivaut pas au contenu explicitement communiqué. Afin de comprendre les requêtes indirectes, le destinataire doit produire des inférences sur la base de ce qui est *dit* et émettre des hypothèses concernant l'intention communicative du locuteur. De plus, comme nous l'avons vu dans le chapitre précédent, les requêtes indirectes (ou les implicatures de Grice) ont la propriété d'être logiquement annulables. C'est sur la base de cette propriété que Pinker et collègues considèrent que les requêtes indirectes permettent une rétractation plausible (*plausible deniability*).

The Logic of Indirect Speech débute avec l'observation selon laquelle les discours implicites semblent être omniprésents dans les interactions humaines. Afin d'illustrer l'ampleur du phénomène, ils proposent la liste d'exemples suivante :

(14) Voulez-vous monter chez moi pour voir mes gravures ? [avances sexuelles]

(15) Si tu pouvais me passer le guacamole, ce serait super !
      [requête polie]

(16) Quel joli magasin vous avez ici. Ce serait vraiment dommage qu'il lui arrive quelque chose ! [menace]

(17) Eh bien, Monsieur le gendarme, n'y aurait-il pas une possibilité de régler cette amende ici ? [tentative de soudoiement]

Pinker et al. (2008 : 833), notre traduction.

Pinker et collègues soulignent qu'un discours implicite constitue une pratique étrange, dans la mesure où il ne semble pas être efficace pour la communication. Dans leur perspective, un contenu implicite est soit coûteux et « susceptible d'être mal interprété » (Pinker et al. 2008 : 833), soit inutile parce que l'intention du locuteur est évidente. En d'autres termes, la communication implicite serait un obstacle pour la compréhension verbale ou, dans le meilleur des cas, elle n'amènerait que des informations évidentes, la rendant ainsi inefficace sur le plan de la communication.

Afin de résoudre ce problème, ils élaborent une théorie en trois parties sur l'utilité de la communication implicite : la première partie a pour but de montrer que le bénéfice des requêtes indirectes vient de leur capacité à véhiculer des contenus plausiblement rétractables. Dans leur perspective, la possibilité de nier un contenu serait un outil efficace permettant au locuteur de défendre ses intérêts dans une situation conflictuelle. Dans la seconde partie, ils présentent ce qu'ils définissent comme étant les deux fonctions essentielles du langage, à savoir la fonction de transmission d'information et la fonction de négociation des relations sociales. Selon Pinker et collègues, le discours explicite permet d'accomplir la première fonction (*i.e.*, celle de transmettre de l'information) alors que le discours implicite accomplirait la deuxième fonction (*i.e.*, celle de négocier les relations sociales). Enfin, dans la troisième partie de leur théorie, ils cherchent à expliquer les raisons pour lesquelles un locuteur choisit de communiquer des contenus implicites, y compris lorsque son intention de communication est difficile à rétracter, car elle est trop évidente pour le destinataire. Dans de tels cas, l'intérêt d'une requête indirecte résiderait dans le fait qu'elle demeure *possiblement* rétractable, permettant aux interlocuteurs de négocier leur relation sociale.

2.1.1. Les rétractations plausibles

L'hypothèse de la *rétractation plausible* se fonde sur des prédictions concernant la proportion de contenus indirects employés par un locuteur en fonction du niveau d'hostilité dans une situation donnée. Pinker et collègues abordent cette problématique en s'inspirant de modèles provenant de la théorie des jeux, afin d'évaluer les propositions que ferait un conducteur de voiture après avoir été arrêté par un gendarme pour avoir brûlé un feu rouge. Chaque proposition comprend ses propres risques et bénéfices, en fonction du niveau d'honnêteté du gendarme (*cf.* Tableau 6) :

Tableau 6. Conséquences attendues pour un conducteur cherchant à soudoyer un gendarme honnête ou malhonnête.

	Gendarme malhonnête	Gendarme honnête
1) Pas de soudoiement	Contravention	Contravention
2) Soudoiement explicite	Libéré	Arrêté pour tentative de soudoiement
3) Soudoiement implicite	Libéré	Contravention
(Pinker et al. 2008 : 834, notre traduction)		

Comme l'illustre le tableau ci-dessus, le conducteur a trois options face au gendarme : dans le premier cas, il peut simplement rester silencieux et payer l'amende. Cette option ne représente aucun bénéfice pour le conducteur. Une autre stratégie consisterait à essayer de soudoyer le gendarme. Ce deuxième cas illustre les risques encourus par un conducteur essayant de soudoyer explicitement un officier en énonçant, par exemple, « si vous me laissez partir sans amende, je vous donne 50 dollars » (Pinker et al. 2008 : 834, *notre traduction*). À ce stade, le destin du conducteur dépend entièrement de l'honnêteté de l'officier : si l'officier est honnête vis-à-vis de la loi, le conducteur se fera arrêter pour tentative de soudoiement (ce qui correspond à la situation la moins souhaitable), mais si le gendarme est malhonnête, le conducteur sera libre de partir (ce qui correspond à la situation la plus souhaitable). La dernière option consisterait à essayer de soudoyer le gendarme de manière implicite. Pinker et collègues proposent l'énoncé suivant pour illustrer une tentative implicite de corruption : « Eh bien, Monsieur l'officier, n'y aurait-il pas une possibilité de régler cette amende ici ? » (Pinker et al. 2008 : 834, *notre traduction*). Selon Pinker et collègues, une tentative de soudoiement comme celle-ci permettrait au conducteur de partir sans amende (si l'officier est malhonnête), ou alors de simplement payer l'amende (si l'officier est honnête), étant donné que la tentative de soudoiement est plausiblement rétractable[23]. Ainsi, une tentative de soudoiement implicite serait la plus avantageuse pour défendre les intérêts du conducteur, dans la mesure où elle permet d'obtenir le plus de bénéfices tout en minimisant les risques.

2.1.2. Les rétractations possibles

Dans la deuxième partie de leur article, Pinker et collègues s'intéressent aux situations dans lesquelles un locuteur ne laisse aucun doute relatif à ses intentions de communication, malgré le fait que l'information soit conviée de manière indirecte. L'exemple donné est celui d'un homme communiquant à une femme « Voulez-vous monter chez moi pour voir mes gravures ? », dans un contexte invitant presque exclusivement l'interprétation d'une avance sexuelle. Selon Pinker et collègues, un contenu comme celui-ci serait très difficile à nier de manière convaincante malgré son caractère indirect. Une occurrence de communication comme celle-ci serait donc problématique, dans la mesure où elle semble contredire l'hypothèse de rétractation plausible.

Afin de résoudre ce problème, Pinker et collègues posent les questions suivantes : pour quelles raisons un locuteur choisirait-il de faire une proposition indirecte si ce dernier n'est pas en mesure de la nier de manière plausible ? Au-delà du caractère annulable des contenus implicites, y a-t-il d'autres différences avec les contenus explicites qui pourraient justifier leur usage ? Pinker et collègues proposent trois autres critères qui trois autres critères qui distingueraient le discours explicite du discours implicite : premièrement, lorsque le discours implicite ne permet pas une rétractation plausible, il permet malgré tout une rétractation possible. De plus, contrairement au discours explicite, le discours implicite est toujours rétractable auprès d'une potentielle audience

---

23 De manière intéressante, les lois régissant les procès aux Etats-Unis reposent sur des principes similaires à ceux que décrivent Pinker et collègues : la loi américaine considère uniquement les contenus explicites comme étant susceptibles d'être débattus par les parties adverses d'un procès. Tout ce qui concernera le vouloir-dire implicite du locuteur ne peut être directement attaqué dans le contexte d'un procès. (*cf.* Lewiński et Oswald, 2013 : 169).

n'ayant pas accès au contexte conversationnel. Enfin, contrairement au discours explicite, le discours implicite ne participerait pas à la construction d'un arrière-plan commun entre un locuteur et son destinataire, dans la mesure où un doute subsiste toujours concernant le contenu véritablement communiqué.

Concernant le premier critère, ils affirment que les requêtes implicites sont toujours « possiblement niables », étant donné qu'elles ne sont jamais certaines à cent pourcents. En d'autres termes, lorsqu'un destinataire infère des contenus implicites, il accorderait toujours le bénéfice du doute au locuteur, même lorsque le contenu semble fortement probable. Ainsi, lorsqu'un locuteur fait une requête implicite, « la rétractabilité n'a pas besoin d'être plausible, [il suffit qu'elle soit] possible » (Pinker et al. 2008 : 837, *notre traduction*). Dans cette perspective, le fait d'avoir la possibilité de se rétracter d'un contenu implicite demeure bénéfique, car cela permet aux intervenants d'une conversation de sauver la face sociale. Dans l'exemple cité plus haut, impliquant une avance sexuelle, un discours implicite permettrait de maintenir l'« illusion d'une amitié », selon Pinker et collègues.

Le deuxième critère du discours implicite concerne le fait que sa compréhension est dépendante du contexte. Si l'on considère l'exemple (14) *Voulez-vous monter chez moi pour voir mes gravures ?*, il est parfaitement envisageable d'imaginer un contexte dans lequel le locuteur ne fait pas la moindre insinuation, permettant ainsi une interprétation littérale de l'énoncé. La sensibilité contextuelle des contenus implicites permet donc une rétractation plausible face à une potentielle audience ne partageant pas l'arrière-plan conversationnel du locuteur et de son destinataire.

Enfin, Pinker et ses collègues distinguent les propositions explicites des propositions implicites en fonction de la manière dont elles exploitent l'arrière-plan conversationnel. Alors que la communication explicite permet de générer un arrière-plan commun (*common knowledge*), la communication implicite permettrait uniquement de générer des connaissances individuelles partagées (*shared individual knowledge*). Par exemple, si un homme dit explicitement « Voulez-vous monter chez moi pour faire l'amour ? », cela générera une connaissance partagée, avec une certitude absolue. Dans un tel cas, les deux interlocuteurs sont conscients de leur compréhension respective de l'énoncé. En revanche, lorsqu'il s'agit d'une proposition implicite, cela ne générerait pas de connaissance véritablement partagée. En effet, il est tout à fait possible que le locuteur et son destinataire, séparément, se représentent mentalement la même proposition, mais en conservant un doute quant aux intentions véritables de leur interlocuteur, empêchant ainsi la construction d'un arrière-plan commun.

Il convient de souligner que les rétractations possibles sont davantage coopératives que les rétractations plausibles, dans la mesure où elles sont utilisées à des fins de cohésion sociale (*i.e.*, pour le maintien de la face sociale) et non pour manipuler autrui (*i.e.*, pour atteindre des buts extralinguistiques). Toutefois, les rétractations possibles partagent avec les rétractations plausibles le fait qu'elles sont utilisées dans un but de protection individuelle.

Le Tableau 7 ci-dessous présente un résumé de l'approche de Pinker et collègues. Il inclut leur définition du discours implicite, ainsi que les articulations majeures de leur théorie. Les prémisses 1–2 sont liées au problème théorique que pose le discours implicite, sur le plan de la communication. Viennent ensuite les deux hypothèses proposées pour résoudre ce problème : l'hypothèse A étant celle des rétractations plausibles, et l'hypothèse B étant celle des rétractations possibles.

Tableau 7. La théorie du discours implicite de Pinker et al. (2008).

Définition :

Le discours implicite = les implicatures conversationnelles de Grice.

Prémisses et conclusions :

Prémisse 1 : la fonction d'un trait comportemental ou cognitif s'explique par les bénéfices qu'il apporte à une espèce.

Prémisse 2 : le discours implicite est coûteux pour l'interlocuteur et est susceptible d'être mal interprété.

> **Conclusion 1 :** le discours implicite n'a pas pour fonction l'amélioration de la communication verbale.

(Pinker et al. 2008 : 833)

Hypothèse A : **Rétractation plausible**	**Hypothèse B :** **Rétractation possible**
Prémisse 3 : le discours implicite permet une rétractation plausible.	**Prémisse 5 :** si le discours implicite n'est pas plausiblement rétractable, il reste possiblement niable.
Prémisse 4 : les rétractations plausibles font baisser le risque d'être puni dans des situations de manipulation.	**Prémisse 6 :** le simple fait de pouvoir nier un contenu est avantageux pour négocier le statut des relations sociales (*i.e.*, maintenir la face sociale).
Conclusion 2 : le discours implicite a pour fonction de maximiser les bénéfices potentiels d'un locuteur tout en minimisant les risques d'être punis. (Pinker et al. 2008 : 834-835)	**Conclusion 3 :** le discours implicite a pour fonction de permettre au locuteur de maintenir la face sociale. (Pinker et al. 2008 : 836-837)

Bien que ce modèle semble dresser un portrait complet des usages de la communication implicite, il convient de souligner qu'il n'explique aucunement pourquoi, et selon quels critères, certains contenus peuvent faire l'objet d'une dénégation plausible alors que d'autres ne seraient que possiblement niables. Pinker et collègues considèrent uniquement le fait que les possibilités de se rétracter d'un contenu implicite varie en fonction de différents contextes. Dans la critique que nous présentons au sujet de cette théorie (Chapitres 3 et 4), nous revenons sur ce problème et soulignons l'importance d'aborder la rétractation du locuteur à la lumière de principes cognitifs gouvernant la compréhension verbale. Le fait de lier la rétractation du locuteur à des principes cognitifs – plutôt qu'à d'éventuelles configurations sociales dans lesquelles se produit l'échange verbal – permettra justement d'émettre des prédictions claires relatives aux situations dans lesquelles un contenu implicite sera plausiblement ou possiblement rétractable.

2.2. Les origines manipulatrices de la communication implicite

L'approche de Reboul (2011, 2017), bien qu'elle s'inspire de Pinker et collègues (2008), présente des différence fondamentales : premièrement, elle s'inscrit dans une réflexion sur l'évolution du langage. Dans sa perspective, la communication implicite constitue un élément essentiel pour expliquer l'externalisation de la « compétence linguistique », telle que définie par Chomsky (1957) (§ 2.2.1). De plus, comme nous le verrons, Reboul distingue les contenus implicites des contenus explicites sur la base du critère de vériconditionalité, permettant ainsi d'inclure des contenus allant au-delà des implicatures conversationnelles de Grice (§ 2.2.2.). Sur la base des différentes catégories implicites identifiées, Reboul présente une série d'exemples dans lesquels la communication implicite permettrait non pas de « rétracter des contenus implicites » – comme le proposent Pinker et collègues – mais plutôt de cacher des intentions de manipulation (§ 2.2.3). À partir de là, elle évalue dans quelle mesure la non-coopérativité de la communication implicite est susceptible de poser problème du point de vue de la psychologie évolutive et pour le Principe Coopératif de Grice (§ 2.2.4).

2.2.1. La communication implicite et l'externalisation de la compétence linguistique

L'article de Reboul (2011) s'ouvre sur la considération de treize caractéristiques définitoires du langage – basées sur Hocket (1963) – qui seraient uniques à l'espèce humaine. Parmi ces caractéristiques figurent le canal de transmission[24] (*i.e.*, vocal et auditif), la sémanticité, l'arbitraire du signe et la récursivité. Elle souligne le fait que ces caractéristiques sont spécifiques à l'homme uniquement dans la mesure où nous les considérons comme un ensemble : en effet, chaque caractéristique prise séparément a été observée dans d'autres espèces animales (Fitch 2010, cité par Reboul 2011 : 2). Elle poursuit son analyse des critères de Hocket en soulignant que la communication implicite ne figure pas dans cette liste, malgré son omniprésence dans la communication verbale. Dans sa perspective, l'étude de la communication implicite est d'autant plus cruciale pour comprendre l'évolution du langage qu'elle n'a, à ce jour, pas été observée dans d'autres espèces animales.

Reboul va jusqu'à dire que la communication implicite n'aurait pas pu exister sans l'existence préalable d'une forme de communication linguistique. Ainsi, si la communication implicite est dépendante de la compétence linguistique, la compréhension de ce phénomène deviendrait essentielle dans toute réflexion liée à l'évolution du langage :

> The very fact that implicit communication is the unique feature that is specific to human linguistic communication should make it central to any account of linguistic evolution in that it does not seem to have evolved from anything else.
> [Le fait même que la communication implicite est une caractéristique unique à la communication linguistique humaine devrait la rendre centrale dans toutes tentatives d'expliquer l'évolution du langage, dans la mesure où elle ne semble pas avoir émergé à partir d'autre chose.]
>
> Reboul (2011 : 2), *notre traduction.*

Dans *Cognition and Communication in the Evolution of Language* (2017), Reboul adopte une approche quelque peu différente. Dans cet ouvrage, l'objectif n'est pas seulement d'expliquer l'évolution de la communication implicite, il s'agit également de fournir un modèle de l'évolution du langage. En se basant notamment sur la théorie Berwick et Chomsky (2016 : 74-76), elle propose deux grandes étapes pour l'évolution du langage : d'abord, la compétence linguistique (*i.e.*, la capacité de fusion entre deux éléments syntaxiques) aurait émergé dans l'espèce humaine comme outil conceptuel. Reboul nomme cela le *Langage*

---

24 Il convient de souligner que, dans une perspective chomskyenne, la compétence linguistique est indépendante de son canal d'extériorisation (*cf.* Bolhuis et al. 2014 ; Hauser et al. 2014 ; Berwik et Chomsky 2016 ; Reboul 2017), rendant ainsi cette caractéristique sujette à caution.

de la Pensée (*the Language of Thought*[25]), faisant écho au « langage interne » de Berwick et Chomsky (2016), ou encore au « mentalais » de Pinker (1999). Par la suite, cet outil conceptuel, le *Langage de la Pensée*, aurait été « exapté » (ou utilisé) pour la communication verbale.

La notion d'exaptation a initialement été proposée par Gould et Vrba (1982) pour désigner les traits biologiques ajoutant une valeur sélective à une espèce, mais n'ayant pas émergé pour accomplir la fonction synchroniquement observée. Pour illustrer cette notion, Reboul (2017 : 4-6) donne l'exemple du lien, généralement mal compris, entre les ailes, les plumes d'oiseaux et leur capacité à voler. Elle s'appuie sur une étude de Longrich et al. (2012), qui explique que les ailes et les plumes d'oiseaux ont d'abord été sélectionnées comme système de régulation de température ; ce n'est que par la suite que ces deux traits ont permis aux oiseaux de voler[26].

Ainsi, Reboul adopte la thèse soutenue par Chomsky selon laquelle la compétence linguistique ne serait pas un outil de communication mais plutôt un outil conceptuel. L'un des arguments en faveur de cette idée vient du fait que les systèmes de communication existants chez les autres primates sont parfaitement optimaux. Sur la base de cette observation, on émet l'hypothèse qu'il aurait été inutile, voire trop coûteux, pour notre espèce de mettre en place un nouveau système de communication (Berwick et Chomsky 2016 : 81). Ou alors, selon Reboul, ce nouveau système de communication (*i.e.*, la communication verbale/linguistique) aurait remplacé l'ancien. Or, ce n'est pas ce qui s'est produit : en effet, le système de communication primate – que l'on retrouve par exemple dans la prosodie, les mimiques faciales ou la gestuelle – co-existe avec la communication verbale, suggérant qu'ils remplissent des fonctions différentes (Reboul 2017 : 164-7).

Afin de comprendre les raisons pour lesquelles la compétence linguistique a été externalisée, Reboul cherche à identifier une caractéristique universelle de la communication verbale, ne pouvant être expliquée ni par les propriétés syntaxiques du langage (*i.e.*, la Grammaire Universelle), ni par son efficacité

---

25 Chez Berwick et Chomsky (2016), on se réfèrera à la notion de « langage interne » ou « I-Language ».

26 Ainsi, de la même manière que les plumes d'oiseaux n'ont pas émergé pour leur permettre de voler, le langage n'aurait pas émergé pour permettre la communication verbale. En outre, il convient de souligner que la théorie de l'évolution de Darwin écarte toute interprétation téléologique. En effet, un trait n'émergerait pas, au sein d'une espèce, avec un but ou une finalité spécifique. Ce sont plutôt les pressions sélectives qui conduisent à la stabilisation d'un trait.

communicative. L'identification d'une telle caractéristique et la compréhension des bénéfices de celle-ci permettrait ainsi d'expliquer pourquoi la compétence linguistique a été externalisée dans l'évolution de l'espèce humaine.

Pour Reboul, c'est la communication implicite qui répondrait à ces deux critères : premièrement, étant donné la dépendance contextuelle de la compréhension des contenus implicites, la communication implicite est indépendante de la Grammaire Universelle (Reboul 2017 : 218). Deuxièmement, à l'instar de Pinker et collègues (2008), Reboul considère la communication implicite comme étant inefficace, dans la mesure où elle génère des coûts cognitifs additionnels pour le destinataire. Pour cette raison, la communication implicite ne pourrait être envisagée comme un bénéfice pour la communication verbale. Dans sa perspective, cette forme de communication aurait même pu être « un parasite pour toutes les formes de communication inférentielles préalables » (Reboul 2011 : 2, *notre traduction*).

Dans cette perspective, la communication implicite serait l'élément central à comprendre et à définir pour éclairer les mécanismes ayant contribué à l'évolution du langage, c'est-à-dire à l'externalisation de la compétence linguistique. Avant d'aller plus loin concernant la fonction que Reboul attribue à la communication implicite, il convient de présenter sa définition de ce qui est, à proprement parler, implicite.

2.2.2. Le critère de vériconditionnalité pour la communication implicite

Au premier abord, la définition que propose Reboul (2011, 2017) de la communication implicite semble très proche de celle de Pinker et collègues : « [elle] intervient à chaque fois que ce qui est communiqué dans un énoncé diffère de ce qui a été dit » (*cf.* Reboul 2011 : 2, note de bas de page 1, *notre traduction*). Cela signifie que la communication implicite équivaut aux implicatures conversationnelles de Grice, à la fois *particularisées* et *généralisées*. Cependant, contrairement à Pinker et collègues, Reboul inclut les présuppositions sémantiques[27] dans la catégorie de la communication implicite (Reboul 2011 : 10 ; Reboul 2017 : 181-183). Par ailleurs, elle souligne que les implicatures conventionnelles de Grice présentent des similitudes avec les présuppositions (*cf.* Abbott 2006, cité par Reboul 2017 : 183)

---

27 Les présuppositions sémantiques, déclenchées linguistiquement, sont à distinguer des présuppositions pragmatiques (Stalnaker 1974) ou des présuppositions discursives (de Saussure 2013, 2014), *cf. infra.*

Le fait d'inclure les présuppositions dans la même catégorie que les implicatures conversationnelles peut sembler problématique, notamment en vertu du critère d'annulabilité de ces contenus : alors que les implicatures conversationnelles sont logiquement annulables, les présuppositions constituent une précondition nécessaire aux conditions de vérité d'une phrase. C'est-à-dire que contrairement aux implicatures conversationnelles, les présuppositions ne peuvent être annulées sans que cela ne génère une contradiction logique[28]. Par exemple, si l'on compare l'annulation d'une implicature conversationnelle (*cf.* (18a) en italique) avec l'annulation d'une présupposition (*cf.* (19a) en italique), on constate que ces catégories linguistiques sont dotées de propriétés formelles sensiblement différentes :

>(18)   Veux-tu un verre de Whisky ?
>   Il est 20h00.
>   → Oui, je veux un verre de Whisky. (*Implicature*)
>(18a) Veux-tu un verre de Whisky ?
>   Il est 20h00, *mais je ne vais pas boire ce soir.*
>(19)   Pierre a cessé de fumer.
>   ← Pierre fumait. (*Présupposition*)
>(19a) *Pierre a cessé de fumer, *mais Pierre ne fumait pas.*

L'exemple (19a) ci-dessus montre l'incohérence logique engendrée par l'annulation de la présupposition, signalée par l'astérisque. Ainsi, l'ajout des présuppositions (contenus non-annulables) dans la catégorie de la communication implicite (comprenant les implicatures, qui sont annulables) génère donc une incompatibilité avec l'approche de Pinker et collègues, pour lesquels il serait toujours possible de nier un contenu implicite. Il convient donc, à ce stade, d'expliquer la légitimité des présuppositions dans la catégorie des « contenus implicites » et, dans un deuxième temps, d'expliquer en quoi ces contenus sont susceptibles de manipuler autrui.

Concernant le premier point, Reboul fait valoir que les présuppositions appartiennent à la communication implicite parce qu'elles ne sont pas verbalisées (Reboul 2011 : 11, note 14). De plus, elles ne font pas véritablement partie des conditions de vérité de la phrase, dans la mesure où elles sont insensibles à la force illocutoire (Reboul 2017 : 183). En effet, les énoncés (20) – (23) ci-dessous

---

28 Seules les négations métalinguistiques sont considérées comme pragmatiquement acceptables (*cf.* Zufferey et Moeschler (2012 : 90-93), Carston (1999 : 4), Moeschler (2010)).

conservent la même présupposition, *i.e. Paul fumait dans le passé*, malgré les transformations opérées sur la phrase :

(20) Paul a cessé de fumer. (assertion)
(21) Paul n'a pas cessé de fumer. (négation)
(22) Paul a-t-il cessé de fumer ? (question)
(23) Si Paul a cessé de fumer, je lui paye une bière ! (antécédent d'une phrase conditionnelle)
      Présupposition : Paul fumait.

On constate donc, sur la base de ces exemples, la possibilité de désigner un contenu d'arrière-plan (*i.e.*, Paul fumait), sans que cela ne soit véritablement dit par le locuteur. De plus, les présuppositions possèdent un statut spécifique, dans la mesure où elles peuvent être déclenchées malgré diverses transformations opérées sur la phrase. C'est sur la base de cette dernière caractéristique que Reboul catégorise les présuppositions comme des contenus implicites, plutôt que des contenus véritablement encodés par la phrase.

La Figure 1 ci-dessous schématise la définition, proposée par Reboul, de la communication implicite. Celle-ci inclut les implicatures conversationnelles de Grice, ainsi que les présuppositions. Les implicatures conversationnelles sont des contenus « non-vériconditionnels » (cf. § 1.2.), faisant partie du message communiqué par le locuteur. En ce qui concerne les présuppositions, elles échappent également aux conditions de vérité de par leur insensibilité à la force illocutoire. Dans la section suivante, nous montrerons en quoi les présuppositions permettent, selon Reboul, une rétractation du locuteur, malgré le caractère non-annulable ces contenus.

La communication verbale		
Ce qui est *dit*	Ce qui est communiqué	
Vériconditionnel	Non-vériconditionnel	
Propositions logiquement encodées	Présuppositions	Implicatures conversationnelles (généralisées et particularisées)

Figure 1. La communication implicite, i.e. ce qui est communiqué, selon Reboul (2011, 2017).

2.2.3. Cacher ses intentions manipulatrices

Afin d'expliquer la manière dont la communication implicite fonctionne et pourquoi elle serait unique à l'espèce humaine, Reboul (2011) s'appuie sur l'article *Meaning* (1957) de Grice : pour comprendre un contenu implicite, le destinataire doit pouvoir reconnaître la première intention du locuteur de produire un effet (*i.e.,* une croyance) ainsi que la seconde intention que l'effet se produise *uniquement* à travers la reconnaissance de la première intention.

Reboul souligne la distinction entre l'apport sémantique et l'apport implicite de la communication verbale : selon elle, seule la communication implicite requiert la reconnaissance de deux niveaux d'intentionnalité pour être comprise. En ses propres termes, « le deuxième niveau d'intention est nécessaire pour combler le fossé entre le vouloir-dire du locuteur et la signification sémantique » (Reboul, 2011 : 6, *notre traduction*). Elle ajoute que c'est précisément cet élément qui rend la communication implicite unique à l'espèce humaine : à ce jour, personne n'aurait découvert d'autres espèces ayant besoin d'utiliser ces deux niveaux d'intentionnalité à des fins de compréhension, étant donné que leur système de communication est essentiellement codique, c'est-à-dire que le signal de l'émetteur aura une signification transparente et invariable pour le récepteur.

Dans sa perspective, la nature inférentielle de la communication implicite est précisément ce qui permet au locuteur de cacher ses intentions véritables, dans la mesure où il pourra toujours « négocier » quelle était son intention de communication.

Il convient de souligner ici une différence essentielle entre l'approche de Reboul et celle de Pinker et al. (2008) : alors que Pinker et al. parlent d'une possibilité de se rétracter plausiblement ou possiblement de contenus implicites, Reboul insiste sur le fait que de tels contenus permettent plutôt de cacher des *intentions* de manipulation. Ainsi, un locuteur ne cherchera pas à se rétracter de contenus présupposés (étant donné les incohérences logiques que cela engendrerait), mais il cherchera plutôt à se rétracter d'une intention de communication qui lui a été attribuée. Même lorsqu'il s'agit d'implicatures conversationnelles, la rétractation porterait davantage sur les intentions de manipulation que sur le « contenu verbal » à proprement parler.

À l'aide des exemples (24) à (26), Reboul illustre dans quelle mesure la communication implicite peut servir d'outil de manipulation (*cf.* Reboul 2011 : 11-12 ; mais voir également Reboul 2017 : 182-206). Dans les trois scénarios proposés, le manipulateur (locuteur B) serait toujours protégé contre d'éventuels soupçons de manipulation que pourrait avoir le destinataire, étant donné que ses intentions véritables ne sont pas explicites. Nous présentons ci-dessous les exemples et les explications fournies par Reboul, puis nous verrons dans un deuxième temps les arguments de la théorie de la Pertinence amenant une vision plus nuancée du potentiel de manipulation de la communication implicite (cf. § 3.2.4.):

(24) A : Sais-tu où Anne habite ?
      B : Quelque part en Bourgogne, j'imagine.
      → *B ne sait pas exactement où Anne habite.* (*Implicature particularisée*)
          Reboul (2011, 2017), adapté de Grice (1975 : 51), *notre traduction.*

Dans cet exemple, le locuteur B est le meilleur ami d'Anne et il sait exactement où elle habite. Dans ce contexte, B ne souhaite pas que le locuteur A connaisse l'adresse d'Anne, raison pour laquelle il se montre le moins informatif et coopératif possible. La réponse de B est considérée comme étant manipulatrice, dans la mesure où elle suggère qu'il ne sait pas exactement où Anne habite, alors qu'il connaît parfaitement son adresse. Cependant, le fait que le contenu manipulateur soit convié implicitement lui permet de nier avoir eu l'intention de mener son interlocuteur à de fausses conclusions.

Reboul présente également un exemple d'implicature généralisée permettant de procéder à des formes de manipulation tout à fait comparables à celles impliquées dans les implicatures particularisées :

(25) A : Has Peter finished his homework ?
      B : Well, he has done some of the exercises !
      → *Peter has not done all of his exercises.(Generalized implicature)*

      [A : Pierre a-t-il fini ses devoirs ?
      B : Eh bien, il a fait *certains* exercices.
      → *Pierre n'a pas fait tous les exercices. (Implicature généralisée)*]
          Reboul, (2011, 2017), *notre traduction.*

Ici, le locuteur A serait la mère de Pierre et le locuteur B serait, par exemple, la grande-sœur de Pierre. Si la mère de Pierre apprenait qu'il n'a pas fait *absolument tous* ses devoirs, cela impliquerait des conséquences négatives pour lui. Dans l'exemple ci-dessus, B (la grande-sœur de Pierre), a l'intention de faire croire au locuteur A (la mère de Pierre) qu'il n'a pas fini l'entier de ses devoirs. Ce contenu est communiqué alors que B sait pertinemment que Pierre a terminé tous ses devoirs. Ainsi, en apparence, B n'est pas en train de mentir, étant donné que faire « certains exercices » est logiquement compatible avec le fait de faire « tous ses devoirs ». Autrement dit, si Pierre a fait « tous » ses devoirs, cela implique logiquement qu'il en aura aussi fait une partie (*i.e.,* « certains exercices »). Dans ce contexte, la réponse de B est considérée comme manipulatrice, étant donné qu'elle fournit des raisons de croire que Pierre n'a pas fini tous ses devoirs.

Enfin, Reboul présente une situation de manipulation à travers l'usage de contenus présupposés, contribuant ainsi à distinguer son approche de celle de Pinker et collègues :

(26) A : J'ai décidé de donner le poste [...] à John.
       B : C'est un excellent choix, surtout maintenant qu'il a cessé de boire !
       → *John buvait [ou était alcoolique]. (Présupposition)*
Reboul (2011, 2017), *notre traduction*

Dans l'exemple (26), John et le locuteur B ont présenté leur candidature pour le même poste de travail. B est mécontent du fait que le poste ait été attribué à John et pas à lui-même. Avec sa réponse, B prétend être content pour John, tout en suggérant que cela n'était pas un choix judicieux, dans la mesure où John était alcoolique (ce qui, dans les faits, est vrai). La réponse de B est considérée comme étant manipulatrice, car il présente une information préjudiciable pour John, tout en prétendant être content pour lui. Bien que le contenu soit déclenché linguistiquement (par le verbe aspectuel « cesser », impliquant que John buvait dans le passé), l'information que John buvait n'est pas verbalisée et est présentée comme une information d'arrière-plan, mutuellement partagée. C'est précisément cela qui permettrait au locuteur de nier l'intention de manipulation : non seulement le contenu n'est pas verbalisé mais, aussi, l'information est vraie tout en se présentant comme un arrière-plan mutuellement partagé, amené à la conscience du destinataire.

En guise de conclusion, soulignons que les exemples présentés ci-dessus méritent une analyse plus approfondie et spécifique à chaque catégorie linguistique impliquée. Comme nous le verrons dans le chapitre suivant, il convient notamment de distinguer la manipulation qui s'opère à travers les implicatures conversationnelles de celle qui exploite les présuppositions : alors que les implicatures conversationnelles permettent de cacher des intentions de manipulation grâce à leur caractère annulable (à l'instar de ce que proposent Grice 1975, ainsi que Pinker et al. 2008), les présuppositions permettent uniquement une négociation de l'intention communicative du locuteur (et non l'annulation du contenu).

2.2.4. Le problème de la non-coopérativité de la communication implicite

L'hypothèse d'une nature manipulatrice de la communication implicite se heurte à une potentielle contradiction, autant pour la pragmatique gricéenne que pour la psychologie évolutive.

Dans une perspective gricéenne, il est problématique de soutenir que la communication implicite est une compétence ayant émergé dans des contextes non-coopératifs tout en requérant – paradoxalement – un Principe de Coopération pour être comprise. Afin de résoudre ce problème, Reboul propose la solution suivante : selon elle, le Principe de Coopération de Grice devrait être écarté au profit d'une distinction entre deux niveaux d'intentions, à savoir les intentions *proximales* et les intentions *ultimes* (Reboul 2017 : 205). Les intentions proximales correspondraient à la signification$_{NN}$ de Grice (*i.e.,* à l'intention de communication du locuteur), alors que les intentions ultimes correspondent aux buts extralinguistiques visés à travers la communication verbale. Selon Reboul, ces deux niveaux d'intentionnalité permettent de rendre la dimension manipulatrice de la communication implicite tout à fait compatible avec le principe Coopératif de Grice : la communication linguistique serait fondamentalement coopérative au niveau des intentions proximales (*i.e.,* l'intention de se faire comprendre), mais elle serait manipulatrice sur le plan des intentions ultimes du locuteur, rendant ainsi la communication verbale semi-machiavélique (*mildly Machiavellian*).

Cette solution évoque les distinctions proposées par Oswald (2010), concernant le Principe de Coopération de Grice (cf. § 1.2.3) : pour rappel, il souligne que le Principe de Coopération est équivalent à de la coopération communicative et informative (*i.e.,* toutes deux correspondant aux *intentions proximales* chez Reboul). Selon Oswald, ces deux niveaux de coopérativité sont définitoires de la communication verbale, alors que la Coopérativité Perlocutoire (*i.e.,* les intentions ultimes chez Reboul) n'est pas définitoire de la communication verbale.

Du point de vue de la psychologie évolutive, il ne serait pas possible d'expliquer la stabilisation de la communication implicite au sein de l'espèce humaine si elle était fondamentalement manipulatrice. En effet, si la communication implicite était uniquement utilisée à des fins de manipulation, elle se serait trouvée constamment ignorée par le destinataire, aboutissant ainsi à la disparition de ce trait. Cependant, Reboul fait valoir qu'un tel scénario n'est envisageable que si l'on conçoit la manipulation comme étant strictement hostile pour le destinataire. Pour illustrer ce point, elle revient sur les travaux de Krebs et Dawkins (1984), qui soutiennent que la manipulation n'empêche aucunement la communication de se stabiliser au sein d'une espèce :

> The first mention of the idea that communication has to evolve for the speaker was made by Krebs and Dawkins (1984), who proposed that communication evolved for manipulation. This was (wrongly) understood in terms of deception, and it was pointed out that if deception was the rule, then hearers would be selected to ignore the signals, thereby putting an end to the evolution of communication.
>
> [La première mention de l'idée que la communication doit émerger pour le locuteur a été faite par Krebs et Dawkins (1984), qui ont proposé que la communication a émergé pour la manipulation. Cela a été (faussement) compris en termes de duperie, et on a

> par la suite souligné que si la duperie était la règle, le destinataire aurait alors appris à
> ignorer le signal, aboutissant ainsi à la fin de l'évolution de la communication.]
>
> Reboul (2017 : 198), *notre traduction.*

Dans l'extrait ci-dessus, Reboul souligne le fait que la notion de manipulation de Krebs et Dawkins a souvent été mal comprise, dans la mesure où elle a été réduite à la notion de duperie. Or, dans la perspective originale de Krebs et Dawkins, la manipulation n'équivaudrait pas simplement à une duperie, néfaste pour le destinataire, mais elle se diviserait en deux notions : il y aurait, d'une part, la manipulation *hostile* et, d'autre part, la manipulation *non-hostile*. La manipulation hostile serait bénéfique uniquement pour le locuteur (on parle alors d' « égoïsme »), alors que la manipulation non-hostile interviendrait à la fois lorsque les conséquences sont neutres pour le destinataire (on parle d' « exploitation ») et lorsque les bénéfices sont répartis de manière égale entre le locuteur et son destinataire (on parle de « mutualisme »). Sur la base de ces distinctions, Reboul conclut que la nature manipulatrice de la communication implicite est tout à fait compatible avec les principes de psychologie évolutive, dans la mesure où elle n'est pas nécessairement hostile pour le destinataire, mais comprend également des occurrences non-hostiles, à la fois neutres et bénéfiques pour le destinataire.

2.2.5. L'émergence de la communication implicite

Reboul (2011) présente le modèle suivant pour expliquer l'émergence de la communication implicite : (1) nos ancêtres vivaient dans des communautés et collaboraient les uns avec les autres afin de (2) prendre des décisions collectives. Puis, il y aurait eu l'émergence de (3) la compétence argumentative, telle que définie dans la *Théorie Argumentative du Raisonnement* (Mercier et Sperber, 2011, 2017). Selon cette théorie, la faculté humaine de raisonnement n'aurait pas émergé pour améliorer nos capacités individuelles à résoudre des problèmes logiques, mais aurait coévolué avec le langage pour des raisons argumentatives lors de prises de décisions collectives. Selon Reboul, la faculté d'argumenter a par la suite amené à l'émergence de (4) formes de manipulation permettant aux locuteurs d'atteindre plus facilement leurs buts extralinguistiques. Finalement, (5) la communication implicite aurait émergé comme outil de manipulation, permettant au locuteur de cacher ses intentions véritables lorsque cela s'avère être utile ou nécessaire.

> (1) Collaboration → (2) Prises de décisions collectives → (3) Argumentation → (4) Manipulation → (5) Communication implicite
>
> Reboul (2011 :18), *notre traduction.*

Reboul (2017) fournit davantage de détails concernant les mécanismes ayant abouti à l'externalisation de la compétence linguistique et, par extention, à l'émergence de la communication implicite. Ce serait un contexte de 'démocratie consensuelle' – chez nos ancêtres chasseurs-cueilleurs – qui aurait exercé un certain nombre de contraintes aboutissant à l'externalisation de la compétence linguistique. Elle souligne que dans un groupe tel que celui des chasseurs-cueilleurs, le but de chacun était essentiellement de défendre ses propres intérêts.

Par la suite, étant donné que chaque individu appartenait à un groupe social, il n'était pas possible de défendre ses intérêts à travers la violence ou des formes de coercition, car les risques de répression étaient trop importants. Afin de défendre ses intérêts, il fallait donc trouver un moyen « diplomatique » de le faire, c'est-à-dire, à travers l'argumentation. Le fait d'argumenter consiste, essentiellement, à produire publiquement des « raisons » pour convaincre son audience de la validité de sa propre position. Dans le contexte d'alors, le fait d'avoir la capacité de produire publiquement des raisons d'accepter son point de vue – grâce à l'externalisation de la compétence linguistique – aurait donc constitué un bénéfice significatif, expliquant l'émergence et la stabilisation de ce trait.

Enfin, Reboul souligne que la production d'arguments publics n'est pas sans risques : le locuteur se trouve alors dans l'obligation d'assumer une certaine responsabilité vis-à-vis des arguments communiqués et, plus particulièrement, vis-à-vis du fait que ceux-ci servent à défendre ses propres intérêts. Pour cette raison, la communication linguistique exigeait d'avoir des possibilités de communiquer des contenus rétractables, sans engagements de la part du locuteur. La communication implicite trouverait donc son essence ici, comme outil idéal de manipulation – essentiellement non-hostile dans le contexte d'une démocratie consensuelle – permettant au locuteur de cacher ses intentions de communication et le fait qu'il défend ses propres intérêts.

En guise de récapitulation, le Tableau 8 ci-dessous présente les prémisses et conclusions de l'approche de la communication implicite de Reboul. Pour des raisons de clarté, ce tableau se focalise davantage sur la problématique de la communication implicite que sur la question de l'évolution du langage.

Tableau 8. L'approche de Reboul de la communication implicite.

Définitions :

La communication implicite = implicatures conversationnelles de Grice + présuppositions.
La manipulation = manipulation hostile (« égoïsme ») + non-hostile (« mutualisme » et « exploitation »).

Prémisses et conclusions :

Prémisse 1 : l'émergence et la stabilisation d'un trait doit être expliquée par les bénéfices qu'il apporte à une espèce.

Prémisse 2 : la communication implicite est coûteuse pour le destinataire.

> **Conclusion 1 :** la communication implicite n'a pas émergé pour améliorer la communication.
>
> (Reboul 2011 : 4-6)

A) Avantage : cacher ses intentions de manipulation	**B) Avantage : cacher le biais de confirmation dans l'argumentation**
Prémisse 3 : la communication implicite permet au locuteur de cacher ses intentions.	**Prémisse 5 :** dans un contexte de démocratie consensuelle, les individus cherchent à faire valoir leurs intérêts à travers l'argumentation (*cf.* biais de confirmation).
Prémisse 4 : le fait de cacher ses intentions permet de réduire significativement les risques d'être puni lors d'une tentative de manipulation.	**Prémisse 6 :** les individus cherchent des moyens pour cacher le fait qu'ils défendent leurs propres intérêts.
Conclusion 2 : la communication implicite a émergé afin de faciliter la manipulation en permettant au locuteur de cacher ses intentions de manipulation. (Reboul 2011 : 10-12, 18)	**Conclusion 3 :** la communication implicite a émergé comme outil permettant au locuteur de dissimuler qu'il défend ses propres intérêts dans la communication. (Reboul 2017 : 211-217)

2.3. Conclusion

Dans ce chapitre, nous avons vu les approches soutenant l'idée que la communication implicite est un outil idéal pour manipuler autrui. Pinker et collègues (2008) et Reboul (2011, 2017) vont jusqu'à dire que la communication implicite est fondamentalement manipulatrice, dans la mesure où elle ne présenterait pas d'avantage réel pour rendre la communication plus efficace. Dans ces deux approches, l'hypothèse est que la rétractation d'une implicature conversationnelle sera toujours acceptée par le destinataire. En d'autres termes, le destinataire n'accusera pas le locuteur d'avoir menti si ce dernier cherche à se rétracter d'un contenu implicitement communiqué.

Malgré les similitudes existantes entre ces deux approches, elles divergent en trois points essentiels : 1) alors que la définition de la communication implicite de Pinker et collègues équivaut aux implicatures conversationnelles de Grice, celle de Reboul équivaut au critère de vériconditionalité. Cela lui permet d'ajouter les présuppositions à la catégorie des contenus implicites. 2) Dans la perspective de Pinker et collègues, les contenus implicites sont soit plausiblement rétractables soit possiblement rétractables, alors que dans la perspective de Reboul les contenus implicites permettent plutôt au locuteur de nier une *intention* de communication, c'est-à-dire l'intention de manipuler son destinataire. Ainsi, l'approche de Reboul concerne davantage la négation d'intentions de manipulation que la rétractation de contenus verbalement communiqués. 3) Le modèle de Pinker et collègues cherche à prédire la probabilité qu'un locuteur utilise des contenus implicites dans des situations hostiles sur la base de la « théorie des jeux » (*Game theory*), alors que le modèle de Reboul présente un scénario de l'évolution du langage et de la communication implicite, en s'appuyant sur la théorie évolutive des jeux (*Evolutionary Game theory*) ainsi que sur la Théorie Argumentative du Raisonnement (Mercier et Sperber, 2011, 2017). Chez Reboul, la communication implicite aurait émergé à partir du langage, permettant au locuteur de cacher ses intentions de manipulation et d'accroître son potentiel de persuasion dans des contextes argumentatifs. Pour rappel, Pinker et collègues (2008) n'émettent aucune hypothèse concernant l'évolution du langage, ni concernant l'ordre d'apparition entre le langage et la communication implicite.

Dans les chapitres suivants, nous considérerons de plus près les prémisses sur lesquelles reposent ces deux approches (cf. Tableaux 6 et 9 présentés plus haut). Plus spécifiquement, il conviendra de porter notre attention sur les prémisses suivantes :

    a. Les implicatures sont coûteuses et susceptibles d'être mal interprétées.
    b. Seules les implicatures requièrent de passer par deux niveaux d'intentionnalité pour être comprises.
    c. Le fait de pouvoir annuler une implicature permet de diminuer de manière significative les risques d'être puni dans des contextes de manipulation.

L'évaluation de ces prémisses se fera à travers la confrontation des approches gricéennes avec les approches post-gricéennes, issues de la théorie de la Pertinence (Sperber et Wilson 1987/95). Comme nous le verrons, l'intérêt de la théorie de la Pertinence réside dans son ambition d'être psychologiquement réaliste pour rendre compte de la manière dont les destinataires récupèrent l'intention communicative du locuteur. En outre, Modification: En outre, cette théorie offrira une vision plus nuancée concernant les possibilités de nier des contenus implicites ou de cacher des intentions de manipulation.

Chapitre 3. La communication implicite selon la théorie de la Pertinence

3.0. Introduction

Les chapitres précédents présentaient l'approche gricéenne de la communication verbale avec son implication sur les possibilités de manipulation à travers les contenus implicites :

Le Chapitre 1 décrivait le modèle inférentiel de la communication de Grice, selon lequel le destinataire formule des hypothèses concernant le sens intentionné du locuteur tout en respectant un principe rationnel de communication – le Principe de Coopération – et en observant des maximes conversationnelles. Grice identifie plusieurs sortes de contenus implicites parmis lesquels figurent les « implicatures conversationnelles » ayant la propriété d'être logiquement annulables. Tacitement, ce modèle suppose que le destinataire est l'unique responsable d'éventuels malentendus, dans la mesure où c'est lui qui produit l'inférence permettant d'arriver au sens intentionné du locuteur.

Le Chapitre 2 présentait deux théories sur la communication implicite selon lesquelles sa fonction essentielle est la manipulation (Pinker et al. 2008 ; Reboul 2011, 2017). Bien que ces deux approches divergent en certains points – notamment sur la définition de ce qui est « implicite » – elles convergent dans l'idée que la communication implicite est coûteuse et particulièrement susceptible d'être mal comprise par le destinataire. En outre, ces deux approches défendent l'idée que la communication implicite est avantageuse uniquement parce qu'elle permet au locuteur de rétracter le contenu implicite (Pinker et al. 2008), ou de nier l'*intention* de manipulation (Reboul 2017).

Dans le présent chapitre, nous discutons et nuançons les prémisses sur lesquelles reposent ces deux approches en adoptant une perspective postgricéenne, celle de la théorie de la Pertinence de Sperber et Wilson. Comme nous le verrons, la théorie de la Pertinence revoit les fondements de la pragmatique gricéenne et propose un autre modèle ayant l'ambition d'être « psychologiquement réaliste », rendant compte des compétences cognitives sous-jacentes à la compréhension verbale. À titre d'exemple, la théorie de la Pertinence propose une distinction entre la métaphore et l'ironie, permettant d'expliquer les raisons pour lesquelles l'ironie est maîtrisée significativement plus tard que la métaphore dans le développement de l'enfant (*cf.* Wilson 2013 : 44). Un tel phénomène ne peut s'expliquer avec le modèle de Grice, qui considérait la métaphore et l'ironie comme étant toutes deux des violations de la maxime de Qualité (« Ne dites pas ce que vous croyez être faux ») (Grice 1975 : 53). Ainsi, le modèle de Sperber et Wilson est psychologiquemet plus réaliste que celui de Grice, dans la mesure où il offre une explication consistante avec la recherche expérimentale en sciences cognitives[29].

Selon la théorie de la Pertinence, la compréhension du vouloir-dire du locuteur relève d'une compétence cognitive universelle, plus connue sous le nom de « compétence pragmatique ». Cette approche s'inscrit dans la lignée de la révolution chomskyenne, qui soutient l'existence d'une compétence linguistique universelle, permettant à chaque être humain d'acquérir une langue spécifique durant les premières années de son développement (Chomsky 1957, Chomsky et Berwick 2016). À l'instar du programme de la grammaire générative de Chomsky, la théorie de la Pertinence cherche à rendre explicite les lois et fonctionnements qui gouvernent la compétence pragmatique.

La théorie de la Pertinence reprend, comme point de départ, deux éléments théoriques posés par Grice : d'une part, les énoncés sont considérés comme des *indices d'intentionnalité* de la part du locuteur et, d'autre part, le processus menant à la récupération de l'intention communicative du locuteur est défini comme étant *inférentiel* (Allott 2013 : 58). Cependant, la théorie de la Pertinence diffère de l'approche de Grice en particulier sur les points suivants :

– Selon la théorie de la Pertinence, un seul principe cognitif suffirait à expliquer les processus inférentiels : il s'agit de l'heuristique guidée par la pertinence. Ainsi, la théorie de la Pertinence écarte le Principe de Coopération et les quatre maximes conversationnelles de Grice.
– La théorie de la Pertinence présentera la notion de *stimuli mutuellement manifestes* afin de résoudre le problème de régression infinie qu'implique la notion de « reconnaissance d'intentions du locuteur » que l'on trouve chez Grice (*cf.* § 3.1.1).

---

29 Notons que la théorie de la Pertinence fait désormais partie des théories classiques en pragmatique, ayant connu différentes ramifications, notamment avec l'essor de la pragmatique expérimentale et les développements de l'anthropologie cognitive. D'autres approches, bien entendu, se positionnent différemment quant aux processus interprétatifs et au partage des tâches entre la sémantique et la pragmatique (voir en particulier Lepore & Stone, 2015, pour une approche alternative ; nous remercions Andrea Rocci d'avoir attiré notre attention sur ce point).

- Le contexte ne sera plus envisagé comme un élément donné, mais plutôt comme un ensemble d'hypothèses contextuelles basées sur des sources diverses (p.ex., la mémoire à court-terme, la mémoire à long-terme ou les perceptions sensorielles).
- Sperber et Wilson parleront de communication « ostensive et inférentielle » pour se référer aux spécificités de la communication humaine. Afin d'être comprise, celle-ci requiert une capacité cognitive de métareprésentation spécifique dite de « quatrième ordre » (*cf.* § 3.1.2).
- Contrairement à ce que Grice suggère, la compréhension de contenus explicites ne résulte pas d'un simple décodage du contenu verbalisé. En effet, Sperber et Wilson font valoir que les contenus explicites sont déjà le résultat d'une inférence, à l'instar des contenus implicites (*cf.* thèse de la sous-détermination linguistique, § 3.1.).

Ce chapitre aborde les points de divergences entre les approches gricéennes et post-gricéennes présentés ci-dessus, dans le but d'éclairer la problématique de la rétractation du locuteur dans les contenus implicites. Nous comparons les bénifices provenant de la notion de « stimuli mutuellement manifestes » de la théorie de la Pertinence avec celle de « reconnaissance d'intentions du locuteur » proposée par Grice (§ 3.1.1.). Les contributions théoriques de la théorie de la Pertinence permettront d'aller au-delà d'une conception binaire de la rétractation de contenus du locuteur (*i.e.*, soit plausible, soit implausible) pour adopter une conception graduelle des possibilités de rétractation : ainsi, un contenu implicitement communiqué sera envisagé comme étant « plus ou moins » plausiblement rétractable. Nous verrons ensuite que la notion de *métareprésentation* contribue à l'identification des compétences cognitives impliquées dans la compréhension des intentions communicatives du locuteur (§ 3.1.2.). Enfin, nous proposons une réevaluation de la frontière entre contenus *explicites* et *implicites*, à la lumière des contributions de la théorie de la Pertinence (§ 3.2.).

3.1. La pertinence, comme heuristique de compréhension

Deux traditions en pragmatique se revendiquent d'un héritage gricéen : il y a, d'une part, le courant néo-gricéen et, d'autre part, le courant post-gricéen. Les néo-gricéens avaient pour but de raffiner le modèle de Grice en supprimant certaines maximes. Par exemple, Horn (2004) estime que les mécanismes de compréhension peuvent s'expliquer par les seules maximes de Quantité (*Principe-Q*) et de Relation (*Principe-R*) :

Principe-Q :   Dites autant que vous le pouvez [étant donné R].
Principe- R[30] **:**   Ne dites pas plus que vous ne devriez [étant donné Q].

Horn (2004 : 13), notre traduction.

Reboul parlera ici d'approche « minimax », dans la mesure où les coûts de la communication sont minimisés, alors que les bénéfices sont considérés comme étant maximisés (*cf.* Reboul 2017 : 185-189). L'approche minimax tient compte à la fois de la perspective du locuteur, dont le but est de minimiser l'effort de communication, et du destinataire, qui cherche à minimiser les coûts interprétatifs.

En ce qui concerne l'approche post-gricéenne, celle de la théorie de la Pertinence de Sperber et Wilson (1986/95), les attentes de pertinence sont considérées comme étant suffisantes pour expliquer les mécanismes de compréhension verbale. De plus, contrairement aux approches néo-gricéennes, la théorie de la Pertinence présente uniquement la perspective du destinataire, dans la mesure où elle cherche à rendre compte des mécanismes cognitifs qui sous-tendent la compréhension verbale. La théorie de la Pertinence se distingue de Grice sur des points fondamentaux : la notion de pertinence est maintenant définie comme un mécanisme cognitif inné permettant d'opérer un tri parmi les abondants stimuli auxquels nous sommes exposés. Comme nous l'avons vu précedemment, l'idée de compétence innée provient directement de la révolution des sciences cognitives, et plus particulièrement de la Grammaire Universelle de Chomsky, qui soutient l'idée d'une compétence linguistique innée et universelle dans l'espèce humaine. En ce sens, la théorie de la Pertinence diffère radicalement de l'approche de Grice, qui envisageait les maximes conversationnelles comme des règles socialement apprises, comme en atteste l'extrait ci-dessous, au sujet du respect du Principe de Coopération et des maximes conversationnelles :

> [...] it is a just well-recognized empirical fact that people DO behave in these ways ; they have **learned** to do so in childhood and **not lost the habit** of doing so.
> [[...] C'est un fait empirique tout à fait reconnu que les gens se comportement VERITABLEMENT ainsi ; *ils ont* **appris** à le faire durant leur enfance et **n'ont pas perdu l'habitude** de le faire].

Grice (1975 : 48), notre emphase et traduction.

Dans la théorie de la Pertinence, le concept de « pertinence » désigne une relation optimale entre les coûts et les bénéfices cognitifs impliqués dans la compréhension verbale : un stimulus sera considéré comme étant pertinent s'il génère

---

30 Soulignons ici que le Principe-R regroupe deux maximes, celle de Relation ainsi que celle de Quantité « Veillez à ce que votre contribution soit aussi informative que requise » (*cf.* Tableau 3, Chapitre 1).

des effets cognitifs positifs (*i.e.,* en apportant de nouvelles informations, en renforçant des connaissances déjà établies, ou en révisant des croyances), tout en exigeant le moins d'efforts possibles.

Sperber et Wilson distinguent deux principes de pertinence : le premier est un principe cognitif, qui suppose que la cognition humaine est orientée vers la maximisation de pertinence. Le second principe, propre à la communication, postule que la production d'un énoncé communique une présomption de pertinence *optimale*. Autrement dit, l'espèce humaine serait dotée d'un module cognitif spécialisé, dédié à la compéhension, et celui-ci serait guidé par la recherche de pertinence. Il convient de souligner que, ainsi définie, la pertinence n'est pas une notion binaire (*i.e.,* pertinent *vs* non-pertinent), mais doit être envisagée comme étant graduelle. On parlera alors de « degrés de pertinence », en fonction des coûts et des effets cognitifs engendrés dans les processus de compréhension verbale.

La notion d'effets cognitifs est centrale dans la théorie de la Pertinence. Elle justifie l'implication du destinataire dans le processus d'interprétation des stimuli qui lui sont présentés. Wilson et Sperber soutiennent que la cognition humaine tire le plus grand profit des informations qui sont effectivement utiles et vraies. Ainsi, un système cognitif voudra assimiler des informations qui s'avèrent vraies, dans l'absolu, même si cela implique le coût de la révision d'une croyance préalable. Par exemple, pour quelqu'un qui croit que le soleil tourne autour de la terre, il sera pertinent de corriger cette croyance par une information contraire, c'est-à-dire que c'est bien la terre qui tourne autour du soleil. Toute information permettant de réviser cette fausse croyance a des effets cognitifs positifs. Speber et Wilson (2004 : 608) définissent les effets cognitifs positifs comme « une différence significative dans la représentation du monde par l'individu – une conclusion vraie, par exemple ». Ils soulignent que les fausses conclusions ne sont pas utiles ou pertinentes pour un système cognitif, bien qu'elles puissent produire des *effets cognitifs* (*cf.* Sperber & Wilson 1986/95 : § 3.1-2). Le tableau ci-dessous récapitule la distinction des deux différents types d'effets cognitifs identifiables au sein de la théorie de la Pertinence :

Tableau 9. Définition des différents types d'effets cognitifs dans la théorie de la Pertinence.

Type	Description
Effets cognitifs *positifs*	Conclusion vraie avec différence significative dans la représentation du monde.
Effets cognitifs	Renforcement, révision ou abandon d'une hypothèse disponible (notamment par le biais d'une inférence).

Il convient toutefois de noter que la notion d'effets cognitifs a fait l'objet de nombreuses discussions et révisions au cours des années, et qu'elle est toujours débattue. Le point essentiel à retenir ici est que la communication verbale n'est pas un acte gratuit, ni pour le locuteur, ni pour le destinataire. En effet, comme nous l'avons souligné plus haut, tout acte de communication implique des coûts d'interprétation pour le destinataire. Le destinataire cherchera à compenser ces coûts en obtenant des effets cognitifs qui lui procureront des bénéfices pour assurer sa propre survie (par l'obtention d'informations utiles). Nous verrons également que dans les contextes de communication verbale, le locuteur garantit tacitement de fournir des informations utiles. Nous dirons alors que tout énoncé verbal communique sa propre présomption de pertinence (cf. section suivante).

Le concept de pertinence doit être compris comme un processus cognitif spontané et non-conscient. Plus précisément, elle correspond à une heuristique de pensée dédiée à la compréhension de stimuli ostensifs (verbaux et non-verbaux). Dans le domaine des sciences cognitives, les heuristiques désignent des schémas ou processus mentaux responsables de prises de décision. Ces schémas compromettent parfois la rationalité des décisions. En effet, les heuristiques sont avant tout rapides et efficaces, au risque de commettre parfois des erreurs (*cf.* Tversky et Kahneman 1974, Gigerenzer 2008, Kahneman 2012).

Pour la théorie de la Pertinence, l'heuristique de compréhension est définie comme un processus mental dédié à attribuer un sens à des stimuli ostentifs. Ce processus est spontanné, rapide et inconscient. Il permet au destinataire d'attribuer une intention communicative au locuteur (Tableau 10).

Tableau 10. L'heuristique de compréhension guidée par la pertinence.

---

a) Follow a path of least effort in computing cognitive effects : Test interpretive hypotheses (disambiguation, reference resolutions, implicatures, etc.) in order of accessibility.

b) Stop when your expectations of relevance are satisfied.

[a) Suivez le chemin du moindre effort en calculant les effets cognitifs : testez les hypothèses interprétatives (désambiguïsation, résolution de références, implicatures, *etc.*) dans l'ordre de leur accessibilité.

b) Arrêtez-vous lorsque vos attentes de pertinence sont satisfaites.]

(Wilson et Sperber 2004 : 613, notre traduction)

Ainsi définie, la pertinence est complètement différente de la notion trouvée dans les maximes conversationnelles de Grice. En effet, elle est désormais comprise comme un mécanisme cognitif inné et spontané et non comme un principe conventionnel. Cependant, contrairement à ce qui semble être suggéré ci-dessus, l'heuristique de pertinence n'agit pas seule. Premièrement, elle s'applique aux stimuli rendus *mutuellement manifestes* entre le locuteur et son destinataire. De plus, cette heuristique requiert des compétences métareprésentationnelles spécifiques pour être fonctionnelle (*cf.* § 3.1.2).

3.1.1. Des stimuli mutuellement manifestes

La pragmatique, telle que définie par Grice, repose sur l'idée que la communication verbale dépend du partage d'un arrière-plan commun – un « *common ground* » – entre le locuteur et son destinataire. L'idée vient des travaux de Grice (1957), où le locuteur signifie$_{NN}$ quelque chose uniquement s'il cherche à faire reconnaître son intention de communication par le destinataire :

> One thing, according to Grice, that is distinctive about speaker meaning [...] is a kind of openness or transparency of the action : when speakers mean things, they act with the expectation that their intentions to communicate are mutually recognized. This idea leads naturally to a notion of common ground – the mutually recognized shared information in a situation in which an act of trying to communicate takes place.
> [Selon Grice, l'élément qui distingue le vouloir-dire du locuteur [...] est une sorte d'ouverture ou de transparence de son action : lorsque les locuteurs veulent signifier des choses, ils agissent dans l'attente que leurs intentions de communiquer soient mutuellement reconnues. Cette idée amène naturellement à la notion d'arrière-plan commun – l'information mutuellement reconnue et partagée lorsqu'une tentative de communication a lieu.]
>
> Stalnaker (2002 : 704), *notre traduction.*

Or, dans une perspective post-gricéenne, le concept d'« arrière-plan commun » ne serait qu'une « construction philosophique, sans équivalent réel » (Sperber et Wilson 1986/95 : 38, *notre traduction*). De plus, ce concept mènerait inévitablement à un problème de régression infinie : en effet, le fait d'atteindre une certitude absolue que l'intention communicative est reconnue demanderait de procéder à un nombre infini de vérifications[31]. Grice lui-même avait souligné ce problème et tenté de le résoudre (cf. Grice 1969 : 157).

Une autre limite de l'hypothèse de l'arrière-plan commun réside dans le fait qu'elle ne rend pas compte des risques d'échec provenant de la communication. En effet, dans une perspective gricéenne, la réussite d'un acte de communication

---

31 Pour une analyse plus détaillée de ce problème, voir Sperber et Wilson (1986/95 : 15-21), ainsi que Sperber et Wilson (1990 :179-184).

ne dépendrait que de la reconnaissance de l'intention communicative du locuteur. Chez Grice, le contexte se présente comme un élément donné, faisant partie de cet « arrière-plan » partagé entre le locuteur et son destinataire. La Figure 2 ci-dessous illustre la manière dont les approches gricéennes conçoivent la réussite d'un acte de communication. En premier lieu, le locuteur énonce un contenu verbal avec une « intention de communication ». Puis, une fois que le destinataire comprend le contenu communiqué par le locuteur, il est intégré à l'arrière-plan commun. Notons que les approches gricéennes ne tiennent pas compte de la différence entre ce que le locuteur pense et ce que le destinataire interprète, d'où le chevauchement entre « l'intention du locuteur » et la bulle représentant l'interprétation faite par le destinataire.

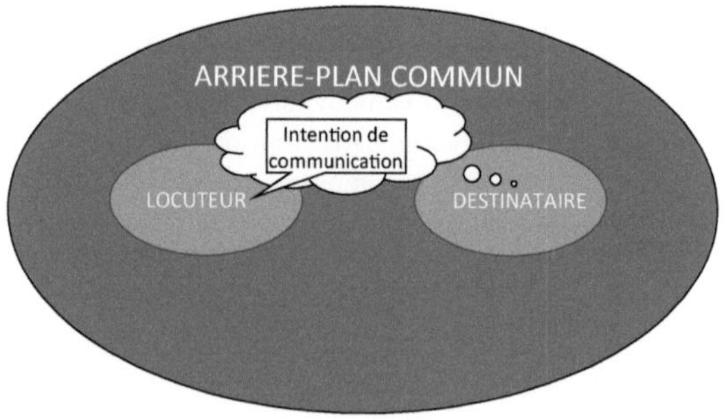

Figure 2. La réussite d'un acte de communication selon la conception gricéenne.

Or, dans l'approche post-gricenne de Sperber et Wilson, la notion d'arrière-plan commun est rejetée pour tenir compte des perceptions subjectives du locuteur et du destinataire, qui ne peuvent être mises sur un pied d'égalité. Cela permet également d'inclure une réflexion plus élaborée sur le concept de « contexte », qui est désormais conçu comme une construction – et non plus un élément donné – résultant notamment de la mémoire à court et à long terme des participants à l'interaction. Ainsi, lorsque le destinataire se trouve confronté à un acte de communication ostensif, il formule des hypothèses contextuelles sur la base d'informations plus ou moins évidentes, et donc plus ou moins faciles à traiter. La construction du contexte permettra au destinataire d'inférer les éventuelles prémisses menant à la dérivation d'un implicite intentionnel de la part du locuteur (Sperber et Wilson 1986/95 : 37).

Ainsi, dans une perspective post-gricéenne, la réussite d'un acte de communication ne reposerait pas sur le partage d'un « arrière-plan commun », comme il en est chez Grice (Figure 2), mais plutôt sur un acte rendu « mutuellement manifeste », déclenchant un processus inférentiel dédié à la compréhension (Figure 3). Selon Sperber et Wilson, une théorie adéquate de la communication devrait avant tout rendre compte des raisons pour lesquelles la communication échoue, plutôt que des rares occurrences d'intercompréhension véritables entre le locuteur et son destinataire. À l'égard de ce problème, ils soulignent que la communication ne permet jamais une duplication d'un message du locuteur à son destinataire (Sperber et Wilson 2015 : 147), mais seulement un « alignement cognitif », c'est-à-dire une proximité relative entre ce que le locuteur souhaite communiquer et ce que le destinataire interprète[32]. Dans la Figure 3 ci-dessous, on constate que l' « intention communicative » du locuteur et l'« hypothèse interprétative » du destinataire ne se recoupent que partiellement, illustrant l'impossibilité d'un véritable partage d'un arrière-plan commun.

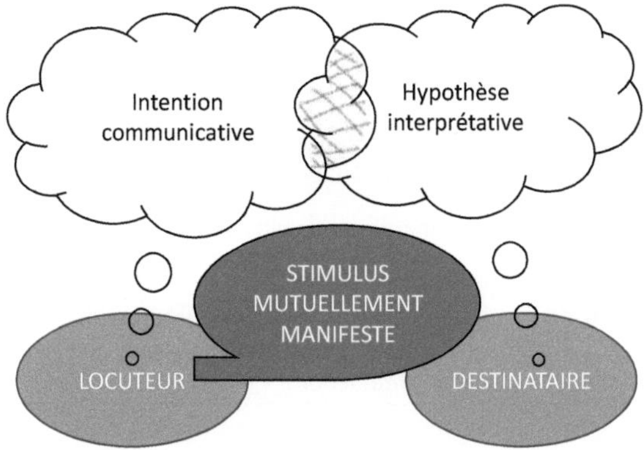

Figure 3. La réussite d'un acte de communication dans la théorie de la Pertinence.

---

32 On notera, comme nous l'a rappelé Andrea Rocci, que Clark (1996 : 92-121) propose également une approche psychologiquement réaliste de la notion de « common ground », dans sa caractérisation des actions conjointes (*joint actions*), c'est-à-dire de toutes les actions nécessitant une coordination entre deux individus. Ainsi, la distinction entre le « common ground » et « l'environnement cognitif mutuel » relève, dans certaines traditions de recherche, seulement d'une différence terminologique. Cependant, la distinction est au contraire importante dès lors qu'il s'agit de comparer les différents modèles issus de la tradition gricéenne.

Le champ d'étude de la théorie de la Pertinence se limite à la communication ostensive et inférentielle. En d'autres termes, on ne s'intéresse qu'aux actes de communication destinés à être reconnus comme tels, c'est-à-dire volontaires et conçus dans le but d'être remarqués par le destinataire. Il convient également de noter qu'un acte de communication ostensif signale tacitement au destinataire que l'information transmise est digne d'intérêt. Pour reprendre les termes de Sperber et Wilson, un acte de communication ostensif véhicule sa propre présomption de pertinence. C'est précisément cette présomption de pertinence qui déclenche le processus inférentiel permettant au destinataire d'identifier l'intention informative du locuteur. Le tableau 11 ci-dessous illustre les deux niveaux d'intention impliqués dans la communication ostensive-inférentielle, tels que définis par Sperber et Wilson.

Tableau 11. La communication ostensive-inférentielle.

Informative intention : "To make manifest or more manifest to the audience a set of assumptions I".

Communicative intention : "To make mutually manifest to audience and communicator that the communicator has his informative intention".

[**Intention informative :** « Rendre manifeste ou plus manifeste pour une audience un ensemble d'hypothèses I ».

Intention communicative : « Rendre mutuellement manifeste auprès d'une audience et du locuteur le fait que le locuteur a une intention informative. »]
(Sperber et Wilson 1986/95 :58, *notre traduction*)

Le remplacement de l'« arrière-plan commun » par le concept de « stimuli mutuellement manifestes » aura des répercussions significatives sur la manière dont nous concevons la rétractation du locuteur. À première vue, s'il n'y a pas d'arrière-plan commun entre le locuteur et son destinataire, cela laisserait supposer que les contenus communiqués sont toujours rétractables. Cependant, comme nous le verrons tout au long de ce chapitre, l'approche post-gricéenne suppose une responsabilité de la part du locuteur à l'égard du contenu rendu manifeste : en effet, comme mentionné plus haut, un acte de communication ostensif communique sa propre présomption de pertinence, impliquant donc une certaine responsabilité du locuteur vis-à-vis de l'information qu'il présente au destinataire. Autrement dit, le contenu rendu mutuellement manifeste sera considéré par le destinataire comme un élément de preuve, volontairement communiqué, de l'intention informative du locuteur. Plus le contenu communiqué sera pertinent en contexte, moins il sera aisé pour le locuteur de le rétracter.

3.1.2. La métareprésentation

Une métareprésentation est une représentation de deuxième ordre. C'est-à-dire, il s'agit d'une représentation produite au sujet d'une autre représentation. Par exemple, si j'observe une personne manger des fruits rouges (1ère représentation), je peux formuler une pensée, *i.e.* une 2ème représentation, au sujet de cette observation, prenant la forme suivante : « si cette personne mange ces fruits rouges, ils doivent être comestibles » (cf. exemples ci-dessous). Dans un contexte de communication, la métareprésentation désigne la capacité cognitive d'attribuer à autrui des états mentaux en termes d'intentions et de croyances (Dennett 1983 : 344). Il s'agit pour un individu de dissocier ses propres pensées de celles d'autrui pour formuler des hypothèses relatives à une intention de communication. Cette capacité est plus connue sous le nom de théorie de l'Esprit (*Theory of* Mind).

La maîtrise de capacités métareprésentatives se situe généralement autour de l'âge de 4 ans (Wimmer and Perner 1983), bien que certaines études font valoir qu'elles sont déjà présentes chez les bébés de 15 mois (Onishi and Baillargeon 2005 ; Surian, Caldi, and Sperber 2007). L'un des tests les plus connus pour évaluer la capacité de théorie de l'Esprit est celui de *Sally et Anne* (Figure 4). Il consiste à présenter aux participants un scénario dans lequel Sally dépose une balle dans un panier. Lorsque Sally s'en va, Anne déplace la balle du panier pour la mettre dans une boîte. La question posée aux participants est la suivante : lorsque Sally reviendra, où cherchera-t-elle d'abord son ballon ? Les enfants de moins de 4 ans peinent à distinguer ce qu'ils observent eux-mêmes de ce que Sally sait véritablement dans la séquence, et répondront qu'elle cherchera la balle exactement là où Anne l'avait cachée (ce qui est peu plausible, dans la perspective d'un adulte). Cependant, dès que la capacité de théorie de l'Esprit se trouve acquise, l'enfant dissocie ce qu'il a lui-même observé de ce qu'il comprend de l'état mental de Sally. Il répondra donc que Sally cherchera la balle dans son panier, là où elle l'avait initialement déposé.

La théorie de l'Esprit contribue à guider les inférences interprétatives du destinataire, en vue de comprendre l'intention communicative du locuteur. En outre, la théorie de l'Esprit constitue également une protection pour le destinataire vis-à-vis du locuteur, dans la mesure où il a la possibilité d'évaluer s'il souhaite faire confiance à l'information communiquée. Dans les prolongements de la théorie de la Pertinence, on soulignera l'importance de ces mécanismes de filtrage de l'information (*cf.* § 3.1.3).

Figure 4. Le test de Sally et Anne (cf. Baron-Cohen et al. 1985, illustration Wikipedia).

Selon la théorie de la Pertinence, la compréhension verbale requiert toujours des niveaux sophistiqués de métareprésentation. Dans sa perspective, la communication ostensive et inférentielle repose minimalement sur une capacité de métareprésentation de quatrième ordre (voir Tableau 11 ci-dessous).

En outre, Sperber (2000) propose une réflexion sur les capacités de métareprésentation impliquées dans la communication verbale, dans laquelle il adopte la perspective de la psychologie évolutive pour distinguer les différents niveaux de métareprésentation impliqués. La psychologie évolutive contribue également à l'évaluation des différents coûts et bénéfices de la compétence métareprésentationnelle pour l'espèce humaine. Selon Sperber, notre espèce aurait été capable de maîtriser des métareprésentations complexes avant même l'émergence du langage, offrant à nos ancêtres la possibilité d'améliorer leurs facultés de prédiction ou d'anticipation dans des contextes compétitifs et non coopératifs. En ce sens, la capacité de métareprésentation répond à des contraintes distinctes de la capacité de communication, puisque cette dernière est fondamentalement coopérative (Sperber 2000 : 127).

Afin de différencier les niveaux métareprésentationnels impliqués dans la communication verbale, Sperber (2000) présente au lecteur un scénario dans lequel deux ancêtres hominidés, « Marie et Pierre », communiquent l'un avec l'autre sans être dotés d'une compétence linguistique. Dans le contexte donné, Marie cherche à faire croire à Pierre que certaines baies sont comestibles. Sperber envisage différents scénarios (cf. ci-dessous), impliquant une capacité de métareprésentation de premier ordre jusqu'à une capacité de métareprésentation de quatrième ordre. Cependant, comme nous le verrons plus loin à propos de l'ironie, il n'exclut pas la possibilité de capacités métareprésentationnelles allant au-delà de ces quatre premiers niveaux. Dans les catégories présentées ci-dessous, chaque niveau de métareprésentation – identifiable par des « intentions » ou des « croyances » – est séparé par un saut de ligne :

Métareprésentation de 1er ordre :

– Marie ramasse quelques baies et les porte à sa bouche afin de faire croire à Pierre qu'elles sont comestibles. Marie a une intention métareprésentationnelle de premier ordre qui peut être décrite comme suit :

Pierre va *croire*
    que ces baies sont comestibles.

– Lorsque Pierre voit Marie ramasser des baies, il adopte une stratégie interprétative naïve, strictement basée sur le comportement de Marie. C'est-à-dire, il construit une croyance métareprésentationnelle de premier ordre :

Marie *pense*
    que ces baies sont comestibles.

À ce stade, Sperber (2000) souligne que ce premier niveau de métareprésentation est suffisant pour recouvrer les intentions informatives impliquées dans la communication.

Métareprésentations de 2ème ordre :

– Il est également possible que Pierre adopte une stratégie interprétative vigilante. Celle-ci consiste à être conscient du fait que Marie avait au préalable l'intention (bienveillante ou malveillante) d'induire en lui certaines croyances. Cela permet à Pierre de décider dans quelle mesure il souhaite faire confiance à l'émetteur du signal. Ici, Pierre construit une croyance métareprésentationnelle de 2ème ordre :

Marie a l'*intention*
    que Pierre *croie*
        que ces baies sont comestibles.

Métareprésentation de 3ème ordre :

– À ce niveau, Marie cherche à rendre mutuellement manifeste le fait qu'elle a une intention informative. Pour ce faire, elle cherchera, par exemple, à établir un contact visuel avec Pierre, ou agira de manière plus ostentatoire afin qu'il reconnaisse sa véritable intention de l'informer que les baies sont comestibles. En rendant son intention communicative mutuellement manifeste, Marie veut que Pierre forme la croyance que les baies sont comestibles. Ici, Marie a une intention métareprésentationnelle de troisième ordre :

Pierre va *croire*
    que Marie a l'*intention*
        qu'il *croie*
            que ces baies sont comestibles.

Métareprésentations de 4ème ordre :

– Etant donné que Marie a rendu son intention informative mutuellement manifeste, Pierre peut utiliser cette information pour produire des inférences au sujet de l'intention communicative de Marie. Il peut choisir d'adopter une interprétation naïve ou alors d'être vigilant vis-à-vis du contenu communiqué[33]. Comme le montre le schéma ci-dessous, Pierre a maintenant une croyance métareprésentationnelle de quatrième ordre :

Marie *a l'intention*
    que Pierre *croie*
        qu'elle a l'*intention*
            qu'il *croie*
                que ces baies sont comestibles.

À des fins récapitulatives, le Tableau 11 ci-dessous rassemble les quatre niveaux de métareprésentation impliqués dans la communication ostensive-inférentielle. Comme nous l'avons souligné plus haut, la métareprésentation de 1er et 2ème ordre concernent les intentions informatives de Marie et leur identification par Pierre, tandis que la métareprésentation de 3ème et 4ème ordre concernent l'identification des intentions communicatives de Marie.

Tableau 12. Les quatre niveaux de métareprésentation dans la communication ostensive-inférentielle.

	Pierre	Marie
	COMMUNICATION NON-OSTENSIVE	
1er ordre	Marie **pense** que ces baies sont comestibles.	Pierre va **croire** que ces baies sont comestibles.
2ème ordre	Marie a l'***intention*** que je **croie** que ces baies sont comestibles.	
	COMMUNICATION OSTENSIVE	
3ème ordre		Pierre va **croire** que j'ai l'***intention*** qu'il **croie** que ces baies sont comestibles.
4ème ordre	Marie a l'***intention*** que je **croie** qu'elle a l'***intention*** que je **croie** que ces baies sont comestibles.	

Dans un article antérieur, Sperber (1994) explore la question de savoir si la communication verbale fait systématiquement appel à des métareprésentations de

---

33 Le choix entre une interprétation naïve ou critique s'apparente à la distinction faite par Sperber et collègues (2010) entre la capacité de compréhension et la capacité d'acceptation d'un énoncé (cf. § 4.1.2),

4ème ordre. Dans sa perspective, les individus ne vont pas toujours au-delà de métareprésentations de deuxième ordre pour identifier les intentions informatives d'un locuteur. Toutefois, il souligne qu'un destinataire compétent devrait être en mesure de comprendre que le locuteur ne communique pas toujours son intention informative de la manière la plus claire et la plus efficace (Sperber 1994 :197). Le locuteur compétent aurait donc tendance à traiter les stimuli verbaux avec une vigilance "épistémique" (cf. ci-dessous), ce qui correspond à une capacité métareprésentationnelle de quatrième ordre.

Selon Wilson et Sperber (2012 : 276), la compréhension de la communication verbale suppose des compétences beaucoup plus complexes que la capacité d'anticiper un comportement, comme illustré ci-dessus (Tableau 11). Selon eux, l'anticipation d'un comportement implique un champ de possibilités relativement restreint, n'allant généralement pas au-delà de capacités métareprésentationnelles de deuxième ordre. Ce n'est pas le cas de des énoncés verbaux, qui impliquent des possibilités infinies d'interprétation, et dont la compréhension nécessite la capacité d'attribuer des intentions ou des états mentaux à autrui. À cet égard, les développements récents de la théorie de la Pertinence ont porté une attention particulière aux contenus dits "non-propositionnels", dont la caractéristique principale est qu'ils sont impossibles à paraphraser en une seule proposition. (Sperber et Wilson, 2015 ; Wilson 2018 ; Wilson et Carston, 2019). Ainsi, ces approches récentes reflètent la nécessité de rendre compte du large éventail de possibilités interprétatives offertes par la communication verbale.

En conséquence, la théorie de la Pertinence postule que, hormis les cas « faciles et triviaux », un énoncé exige minimalement des capacités métareprésentationnelles de 4ème ordre. Sperber (1994) ajoute que, malgré la complexité que les métareprésentations de quatrième ordre semblent impliquer, les êtres humains n'éprouvent aucune difficulté à passer par des niveaux métareprésentationnels supérieurs :

> In fact, when irony, reported speech, and other metarepresentational contents are taken into consideration, it becomes apparent that communicators juggle quite easily with still more complex metarepresentations.
> [En réalité, si l'on tient compte de l'ironie, du discours rapporté, et d'autres contenus métareprésentationnels, il apparaît clairement que les communicateurs jonglent aisément avec des métareprésentations encore plus complexes.]
>
> Sperber (1994 : 197), *notre traduction.*

L'ironie illustre bien la complexité des niveaux métareprésentationnels susceptibles d'être impliqués dans la communication verbale. Par exemple, dans le contexte où un enfant communiquerait à ses parents (tard le soir) « Demain matin, on a besoin d'un pique-nique : on part en course d'école ! », ces derniers pourraient répondre : « C'est bien que tu me le dises maintenant ! ». Dans ce contexte, l'énoncé comporte une dimension ironique, sachant qu'il est tard le soir, que les parents ne peuvent plus sortir faire des achats et qu'il ne sera pas possible de le faire le lendemain juste avant l'école. Contrairement à la position rhétorique classique, reformulée par Grice (1975 : 53), l'ironie ne consiste pas en la simple transgression de la maxime de Qualité, où le locuteur communiquerait le contraire de ce qu'il pense. À l'inverse, la théorie de la Pertinence soutient que le locuteur communique réellement ce qu'il pense lorsqu'il fait l'ironie, à savoir une certaine attitude ou un jugement à l'égard du contenu représenté. L'attitude peut aller de la moquerie complice à du sarcasme. Dans cet exemple, le parent représente le compliment sincère que son enfant aurait aimé entendre, c'est-à-dire d'avoir pensé à demander un pique-nique pour la course d'école. Cependant, cette déclaration contredit le bon sens, selon lequel de telles informations auraient dû être communiquées bien plus tôt. Cela mène à la conclusion que le locuteur adopte une posture ironique à l'égard du contenu communiqué.

Ainsi, comme suggéré par Sperber (1994), la compréhension de l'ironie implique des capacités métareprésentationnelles allant au-delà du 4ème ordre mentionné plus haut. En effet, si l'on décompose l'exemple proposé, *i.e.*, « C'est bien que tu me le dises maintenant ! », il implique la représentation d'une attitude vis-à-vis d'un contenu verbal attribué à autrui. Ainsi, l'ironie véhicule des niveaux métareprésentationnels plus complexes que pour l'interprétation d'énoncés verbaux dépourvus de ces composantes attributives et attitudinales.

Pour conclure, la capacité de métareprésentation est omniprésente dans la communication verbale et sous-tend les processus inférentiels responsables de la récupération des implicites conversationnels. Elle est également responsable de la compréhension de contenus implicites plus complexes, tels que l'ironie. Dans la section suivante, nous verrons que la capacité de métareprésentation est même responsable de la production d'inférences permettant la compréhension du sens explicite (*explicatures*). Ainsi, une fois qu'elle est appréhendée comme un élément routinier des processus de compréhension verbale – responsable à la fois du contenu explicite et implicite – il est difficile d'être d'accord avec la prémisse de Pinker et al. (2008) et Reboul (2011, 2017) selon laquelle la communication implicite est « coûteuse » pour le destinataire. Il s'agit d'un point important, car il déconstruit l'idée des approches de la manipulation qui prétendent que la communication implicite n'est pas un outil de communication efficace.

3.1.3. **La vigilance épistémique du destinataire**

La théorie de la Pertinence soutient que l'heuristique de la compréhension guidée par la pertinence interagit toujours avec la capacité du destinataire à filtrer la fiabilité des informations auxquelles il est exposé. Cette compétence, mieux connue sous le nom de vigilance épistémique, est théorisée dans les travaux de Sperber et al. (2010). A certains égards, leur perspective rejoint les approches manipulatoires de la communication implicite (*cf.* Chapitre 2), dans la mesure où ils soulignent que la communication verbale comporte toujours un risque de manipulation. En effet, il peut toujours être tentant pour le locuteur de « produire un effet, indépendamment du fait que [ce qu'il dit] soit vrai ou faux » (Sperber et al. 2010 : 360). Cependant, selon Sperber et al., la communication verbale n'aurait pas pu se stabiliser au sein de l'espèce si le destinataire n'avait pas développé des mécanismes parallèles de filtrage de l'information.

Ainsi, la vigilance épistémique répondrait aux risques inhérents à la communication verbale, permettant au destinataire d'évaluer la compétence et la bienveillance du locuteur, par le biais d'indices verbaux et non verbaux. En effet, le destinataire est en mesure d'évaluer si le locuteur est novice ou expert sur le sujet qu'il présente, en se basant sur des indicateurs tels que l'exactitude lexicale, la cohérence du discours et la capacité du locuteur à apporter des contributions pertinentes (cf. Figure 5 ci-dessous).

La confiance du destinataire dans le locuteur est étroitement liée aux processus destinés à la compréhension verbale. Par exemple, plus un énoncé est porteur d'effets cognitifs, plus le locuteur sera considéré comme compétent par le destinataire. Il convient toutefois de noter que la réputation initiale du locuteur aura un effet sur la motivation préalable du destinataire à faire l'effort nécessaire pour traiter l'énoncé. En d'autres termes, le destinataire aura tendance à traiter superficiellement (voire pas du tout) les déclarations d'un locuteur ayant la réputation d'être malhonnête. De même, il est peu probable que quelqu'un veuille écouter les longues explications d'un non-spécialiste lorsque les enjeux sont importants.

En ce qui concerne la bienveillance du locuteur, elle est évaluée à l'aide des informations contextuelles disponibles et, plus fondamentalement, de la fiabilité des contenus précédemment communiqués par le locuteur. Par conséquent, la véracité des déclarations préalablement communiquées contribue à l'établissement d'une bonne réputation, motivant le destinataire à faire l'effort nécessaire pour attribuer de la pertinence aux contenus.

La vigilance épistémique du destinataire sera bien entendu utile dans les contextes de manipulation. En effet, contrairement à ce que prétendent les théories manipulatoires de la communication implicite, il ne suffit pas de communiquer un contenu implicitement pour parvenir à ses fins. Preuve en est la capacité humaine à faire la distinction entre la « compréhension » d'un énoncé et son « acceptation » (Sperber et al. 2010 : 364-369).

Cependant, la vigilance épistémique fonctionne elle aussi de manière optimale, et donc de manière non exhaustive, au même titre que l'heuristique de compréhension guidée par la pertinence. Autrement dit, bien que le destinataire possède des mécanismes de filtrage de l'information, il ne peut se protéger de tout. Sperber et al. soulignent d'ailleurs qu'il serait trop coûteux de soumettre chaque information à l'évaluation complète de son « encyclopédie mentale » (Sperber et al. 2010 : 374).

À la lumière de ces remarques, le succès d'une tentative de manipulation ne dépend pas vraiment de la nature du contenu, explicite ou implicite, mais plutôt des compromis entre les processus de compréhension verbale et ceux de vigilance épistémique.

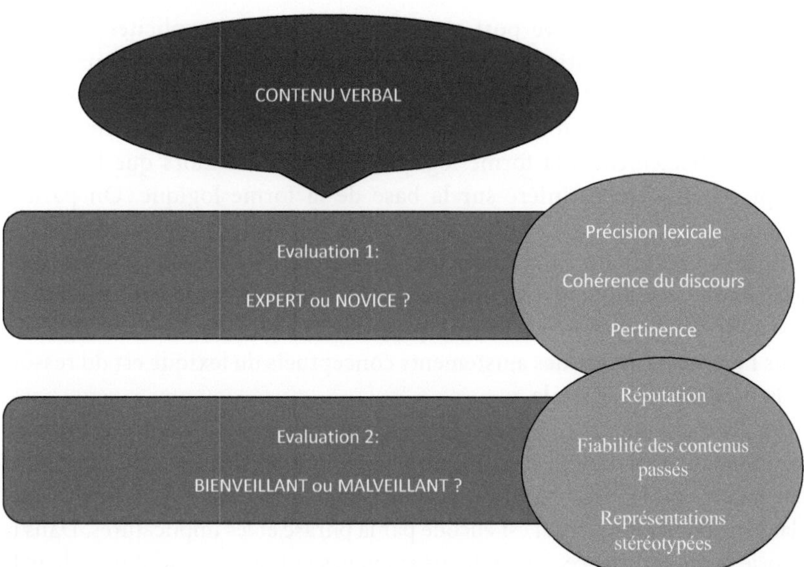

Figure 5. Les mécanismes de filtrage de l'information du destinataire (*i.e.*, la vigilance épistémique).

3.2. La frontière explicite vs implicite selon la théorie de la Pertinence

Selon Sperber et Wilson (1987/95), l'opposition gricéeene entre « ce qui est dit » et « ce qui est implicité » suggère que les contenus explicites se comprennent uniquement par un simple décodage de l'information linguistique. Sur ce point, l'approche de Grice est similaire à celle de Searle :

> Implicitly for Grice and explicitly for John Searle (1969 : 43), the output of decoding is normally a sense that is close to being fully propositional, so that only reference assignment is needed to determine what is said, and the main role of inference in comprehension is to recover what is implicated.
>
> [Implicitement pour Grice et explicitement pour John Searle (1969 : 43), ce qui résulte du décodage est normalement un sens qui est proche d'être complètement propositionnel, de sorte à ce que seule l'assignation de références est nécessaire pour évaluer ce qui a été dit, et le rôle principal de l'inférence dans la compréhension est de recouvrer ce qui est implicité].
>
> Sperber et Wilson (1986/95 : 2-3), *notre traduction.*

Or, dans une perspective post-gricéene, les contenus explicites résultent d'ajustements pragmatiques, de la même manière que les contenus implicites (Wilson 2012 : 238). Sperber et Wilson émettent une distinction claire entre le contenu littéral d'un énoncé et son sens explicite : le premier correspond strictement à la forme logiquement encodée alors que le second est pragmatiquement inféré sur la base de la forme logique. On parlera alors d' « explicatures » pour se référer aux ajustements permettant d'obtenir le sens explicite, intentionné par le locuteur. Soulignons que ces ajustements ne s'appliquent pas uniquement à l'énoncé considéré comme un ensemble, mais également à l'interprétation d'éléments lexicaux figurant dans l'énoncé. L'étude des ajustements conceptuels du lexique est du ressort de la pragmatique lexicale.

La distinction entre le contenu littéral et le sens explicite constitue un tournant fondamental dans le domaine de la pragmatique. En effet, elle questionne la frontière entre le sens explicite et implicite, qui n'est dès lors plus équivalente à la distinction entre ce qui est encodé par la phrase et les implicatures. Dans la théorie de la Pertinence, les contenus explicites et implicites sont tous deux le résultat d'une inférence pragmatique. Ainsi conçue, la communication verbale implique un code incomplet et ambigu, largement sous-déterminé par rapport à ce qu'il dénote. Selon Sperber (2000), c'est précisément l'exploitation du code linguistique incomplet par les capacités métareprésentationnelles humaines qui caractérise la communication verbale :

Metarepresentational sophistication allows a form of inferential communication independent of the possession of a common code. This type of inferential communication, however, can take advantage of a code. It can do so even if the signals generated by the code are ambiguous, incomplete, and context-dependent (all of which linguistic utterances actually are).

[La sophistication métareprésentationnelle permet une forme de communication inférentielle qui est indépendante de la possession d'un code partagé. Cependant, ce type de communication inférentielle peut bénéficier d'un code. Il peut en bénéficier même si les signaux générés par le code sont ambigus, incomplets, et dépendants du contexte (tout ce qui, dans les faits, caractérise les énoncés linguistiques).]

Sperber (2000 : 126), notre traduction

Ainsi, la frontière entre contenus explicites et implicites apparaît comme étant bien plus complexe que Grice ne le posait.

Afin de rendre compte des nuances apportées par la pragmatique post-gricéenne au sujet de cette frontière, il convient d'aborder, de manière distincte, les notions a) d'explicature, b) d'implicature forte et faible, ainsi que la distinction entre c) les présuppositions sémantiques et d) les présuppositions discursives.

3.2.1. Les explicatures

Dans la théorie de la Pertinence, le contenu verbalisé par un locuteur est considéré comme porteur d'un message incomplet. En effet, le contenu littéral comporte un certain nombre d'imprécisions qui nécessitent d'être complétées ou enrichies par le destinataire afin d'obtenir la proposition explicitement voulue par le locuteur, c'est-à-dire l'explicature. Afin d'illustrer ce point, Cartson présente l'exemple suivant :

(27) Max : Comment s'est déroulée la fête ? Ça s'est bien passé?
      Amy : Il n'y avait pas assez de boissons et tout le monde est parti tôt. (Cartson 2009 : 2, notre traduction)

Au premier abord, l'échange ci-dessus ne semble pas problématique. Cependant, dès que nous observons de plus près la réponse d'Amy, il se trouve des ambiguïtés qu'il conviendra de résoudre afin d'identifier le contenu propositionnel. Il y a, d'une part, des ambiguïtés provenant de certains éléments lexicaux : à quelle sorte de « boissons » Amy fait-elle référence ? S'agit-il d'eau, d'alcool, ou de n'importe quelle sorte de boisson ? D'autre part, l'énoncé comprend une ambiguïté provenant du connecteur « et » : quelle est la relation exacte entre les deux propositions conjointes i) le fait de manquer de boissons et ii) le fait que tout le monde soit parti tôt ? Ces deux événements se sont-ils déroulés simultanément ou consécutivement ? Si les deux événements se sont suivis, s'agit-il d'un simple état de fait (*i.e.,* d'une coïncidence), ou s'agit-il alors d'un rapport de causalité, où le premier événement (*i.e.,* le fait de manquer de boissons) aurait engendré le second (*i.e.,* que tout le monde s'en aille tôt) ? Là aussi, le destinataire devra lever ces ambiguïtés afin de reconstruire le vouloir-dire explicite du locuteur.

Ainsi, l'énoncé (27) nécessite des enrichissements pragmatiques de la part de son destinataire afin d'être pleinement saisi. Il s'agira de désambiguiser les boissons auxquelles le locuteur se réfère ainsi que la catégorie d'individus désignée par « tout le monde ». En outre, le destinataire comprendra qu'il existe une relation causale entre les deux propositions reliées par le connecteur « et ». L'enrichissement de la forme littérale de l'énoncé (27) aboutira donc au sens explicite (27a), figurant ci-dessous :

> (27a) **Amy :** Il n'y avait pas assez de boissons *alcoolisées pour satisfaire les personnes* [à la fête] _{*i*} et *à cause de cela* tout le monde *qui est venu* [à la fête] _{*i*} est parti tôt [de la fête] _{*i*}.
>
> Carston (2009 : 2), *notre traduction.*

Selon Récanati (2004), ces enrichissements pragmatiques sont essentiels pour la réussite d'un acte de communication verbale, dans la mesure où une lecture strictement littérale d'un énoncé aboutirait soit à des propositions « trivialement vraies » (28), soit à des propositions « manifestement fausses » (29) :

> (28) A : Est-ce que tu viens déjeuner avec nous ?
>   B : J'ai déjà déjeuné [une fois dans ma vie]. (sens littéral)
>   B : J'ai déjà déjeuné [ce matin]. (sens explicite)
> (29) A : Tout le monde [sur terre / dans l'univers] est allé à Paris. (sens littéral)
>   A : Tout le monde [de mon école / dans ma famille] est allé à Paris. (sens explicite)
>
> Récanati (2004 : 8-10), *notre traduction.*

Dans l'énoncé (28), le destinataire comprend que B a déjeuné *dans un passé récent*, ce qui permet de tirer l'implicature qu'il décline l'invitation de déjeuner une nouvelle fois. Sans cet enrichissement pragmatique, l'énoncé « j'ai déjà déjeuné » serait trivialement vrai, car il signifirait simplement le fait que B a déjà déjeuné *au moins une fois* dans sa vie (*cf.* Wilson et Sperber 1993). Quant à l'énoncé (29), il comporte le problème inverse, dans la mesure où l'énoncé serait manifestement faux en l'absence d'enrichissements pragmatiques : lorsque le locuteur se réfère à « tout le monde », l'interprétation littérale (*i.e.,* tout le monde sur terre ou dans l'univers) s'efface derrière une interprétation plus spécifique, passant par l'identification d'une sous-classe pertinente dans le contexte conversationnel (*i.e.,* tout le monde [de mon école/ dans ma famille, etc.]).

À la lumière de ces exemples, une distinction entre contenu littéral et contenu explicite s'avère être nécessaire, étant donné que le strict décodage du contenu littéral ne permet pas d'accéder au vouloir-dire complet du locuteur. Soulignons également que les inférences tirées par le destinataire n'ont pas nécessairement besoin d'aller au-delà du sens explicite de la communication. En effet, les explicatures seules, sans l'ajout d'une implicature, peuvent satisfaire les attentes de pertinence du destinataire.

De telles observations ont ouvert un nouveau champ d'étude en linguistique, celui de la *pragmatique lexicale*. Ce domaine cherche à rendre compte des processus à travers lesquels le sens lexical se trouve modifié en fonction du contexte (Wilson 2003 : 273). Selon Sperber et Wilson, le destinataire construit à partir d'une entrée lexicale un concept *ad hoc* à travers des processus de « spécification » et d' « élargissement » (Wilson et Sperber 2012 : 105-106). La spécification d'un concept est illustrée par l'exemple (30), et le processus d'élargissement est illustré par l'exemple (31) :

(30) I have a temperature*[34].
      [J'ai de la température*] (Wilson et Sperber 2012 : 106, *notre traduction*)
(31) That book puts me to sleep *.
      [Ce livre m'endort*] (Wilson 2003 : 286, *notre traduction*.)

L'énoncé (30) n'aurait aucune pertinence s'il était interprété littéralement. En effet, chaque organisme possède une certaine température. En ce sens, nous sommes dans un cas de figure similaire à celui de l'énoncé (28), *i.e.* « J'ai déjà déjeuné », qui serait trivialement vrai sans enrichissement pragmatique. Dans le cas présent, la température se réfère à une température *au-dessus de la norme pour une personne en bonne santé*. Le concept sera donc interprété d'une manière spécifique, désignant une catégorie restreinte et pertinente à l'intérieur du concept de « température ». À l'inverse, dans l'énoncé (31), il semble relativement peu plausible que le concept « endormir* » se réfère à un endormissement spécifique. En effet, dans cet exemple, le vouloir-dire du locuteur ne semble pas équivaloir à la paraphrase « Ce livre m'endort [*profondemment ?*] ». Ici, on assiste plus vraisemblablement à l'élargissement du concept « endormir ». Cela permet d'inclure d'autres concepts qui s'apparentent au fait d'être endormi, comme celui d'être terriblement las ou ennuyé. Ainsi, une tentative de paraphrase de l'énoncé (31) aboutit à la perte de la notion stricte de « s'endormir », par un

---

34 Dans la tradition de la théorie de la Pertinence, l'astérisque « * » accolée à un élément lexical désigne l'utilisation d'un concept *ad hoc*, qu'il soit dans un usage spécifique ou élargi.

processus d'élargissement, laissant place à des concepts ayant une signification différente. L'énoncé (31) équivaudrait donc à la paraphrase « Ce livre *m'ennuie* terriblement ».

3.2.2. Explicatures et rétractabilité

La notion d'explicature n'est pas compatible avec l'approche de Searle, présentée dans le Chapitre 1. Selon lui, le sens des exemples présentés dans la section précédente ((28)-(31)) ne se comprend pas à travers un processus inférentiel, mais plutôt par le fait qu'il s'agit d'usages « conventionnels » du langage (*cf.* § 1.1.1). Ainsi, le fait de dire « ce livre m'endort » (31) signifierait par convention que ce livre est extrêmement ennuyant. Cela impliquerait que les explicatures font partie du sens littéral de l'énoncé et ne seraient donc pas annulables.

Or, la théorie de la Pertinence montre que la notion d'usage conventionnel est problématique car elle ne peut prédire ni expliquer les variations possibles du sens d'un même élément lexical, comme en attestent les exemples (32)-(33) ci-dessous :

> (32) The soup is BOILING*.
>   [La soupe est BOUILLANTE*.] (Wilson et Sperber 2012 : 109, *notre traduction.*)
> (33) A: When does the train arrive ?
>   B: It's LATE*.
>   [A: Quand est-ce que le train arrive ?
>   B: Il est TARD/EN RETARD*.] (Sperber 1994 : 182, *notre traduction.*)

L'énoncé (32) se réfère au processus de cuisson de la soupe, signifiant qu'elle a atteint la température de 100 degrés. Mais il peut également être utilisé de manière figurative pour communiquer que la soupe est simplement trop chaude pour être mangée. Le sens lexical varie donc en fonction du contexte et de la reconnaissance de l'intention communicative du locuteur.

En ce qui concerne l'énoncé (33), il comprend deux éléments ambigus dans sa version originale (en anglais): d'une part, le référent du pronom « it » doit être désambiguisé et, d'autre part, le concept « late » prendra un sens différent en fonction du référent. Si le pronom « it » se réfère au train, alors « late » signifiera « en retard » (*i.e.,* le train est en retard). Mais si le pronom « it » est indéfini, alors « late » signifiera qu'il est tard (p.ex., « tard le soir »). Dans ce dernier cas, le destinataire pourra tirer l'implicature qu'il est trop tard pour s'attendre à ce qu'un train n'arrive. Ainsi, dans cet exemple, l'identification du sens explicite sollicitera deux réactions opposées : la première étant d'attendre le train (*i.e.,* « il est en retard, mais il va arriver ») et la seconde étant de ne pas l'attendre (*i.e.,* il est tard le soir, le dernier train est déjà passé).

À la lumière de ces exemples, les explicatures figurent comme un phénomène comparable à celui des implicatures : en effet, aussi bien les implicatures que les explicatures surviennent à l'issue d'une inférence contextuelle. Toutefois, ces deux contenus possèdent des déclencheurs différents : alors que les explicatures correspondent au développement de la forme littérale (se limitant donc au code linguistique), les implicatures sont calculées sur la base de l'explicature et d'hypothèses hautement contextuelles (elles ne dépendent pas d'une forme linguistique spécifique pour être déclenchées).

La notion d'explicature permet de porter un autre regard sur les théories de la rétractation du locuteur dans les contenus implicites (*cf.* Pinker et al. 2009 ; Reboul 2011, 2017). Selon ces approches, la dimension manipulatoire de la communication implicite repose sur deux arguments principaux : d'une part, les implicatures sont présentées comme étant coûteuses et risquées, car elles demanderaient un calcul cognitif additionnel, potentiellement responsable de malentendus. D'autre part, les implicatures seraient les seules à pouvoir être annulées sans produire de contradiction avec le contenu verbalisé.

Cependant, dès lors que nous tenons compte des nuances apportées par la théorie de la Pertinence au sujet des explicatures, il est nécessaire de nuancer le propos des théories manipulatoires de la rétractation du locuteur dans les contenus implicites. En ce qui concerne les coûts cognitifs des implicatures, ils semblent relativisés par le fait que les explicatures découlent également d'un calcul inférentiel et dépendant du contexte. Quant aux risques de malentendus qu'impliquent les implicatures, ils s'appliquent également aux explicatures, comme en attestent les exemples présentés plus haut.

Concernant le critère d'annulabilité des implicatures, il convient de souligner qu'elles ne sont pas seules à être logiquement annulables. En effet, comme le montre Carston (2002), les explicatures peuvent également faire l'objet d'une annulation logiquement acceptable, bien que cela entraîne une renégociation du contenu propositionnel, au risque de paraître maladroit ou étrange du point de vue du destinataire. Les deux paires d'exemples ci-dessous illustrent dans quelle mesure une explicature (exemples 34*a et* 35*a*) peut être annulée (exemples 34*b et* 35*b*) :

(34a) I've had breakfast.
    → I've had breakfast [today].

    [J'ai déjeuné.
    → J'ai déjeuné [aujourd'hui.]]
(34b) I've had breakfast but I haven't had it *today*.
    [J'ai déjeuné, mais je n'ai pas déjeuné aujourd'hui.]

(35a) He ran to the edge of the cliff and jumped.
       → He ran to the edge of the cliff and jumped [over the edge of the cliff].

       [Il couru jusqu'au bord de la falaise et sauta.
       → Il couru jusqu'au bord de la falaise puis sauta [par-dessus la falaise.]]
(35b) He ran to the edge of the cliff and jumped (up and down) but stayed on the top
       of the cliff.
       [Il couru jusqu'au bord de la falaise et sauta (de haut en bas) mais resta en haut
       de la falaise.]

Carston (2002 : 138), notre traduction.

Dans les exemples (34a) et (35a), l'énoncé nécessite des enrichissements pragmatiques pour obtenir le contenu explicite, communiqué par le locuteur. Avec les exemples (34b) et (35b), Carston montre qu'il est logiquement possible d'annuler les explicatures que l'on aurait privilégiées en l'absence d'informations contextuelles supplémentaires. Ainsi, l'énoncé (35) « *Il couru jusqu'au bord de la falaise et sauta* » n'implique pas nécessairement qu'il sauta « en bas de la falaise ». En effet, l'énoncé peut également communiquer que le protagoniste sautait sur place, « de haut en bas », sans pour autant sauter en bas de la falaise (35b).

En guise de conclusion, les explicatures s'avèrent être annulables au même titre que les implicatures : en effet, dans la mesure où il s'agit d'une inférence pragmatique, l'annulation de l'explicature n'engendre pas de contradiction logique avec ce qui est littéralement encodé. Ainsi, les explicatures et les implicatures sont toutes deux susceptibles de générer un malentendu ou d'être utilisées pour manipuler une audience.

Toutefois, en ce qui concerne les tentatives de manipulation à travers les contenus implicites, il conviendra de distinguer l'*annulabilité* de la *rétractabilité* du contenu : alors qu'un contenu implicite permet une annulation sans générer de contradiction logique, celui-ci ne permet pas nécessairement une annulation psychologiquement acceptable du point de vue du destinataire.

3.2.3. Simplification de la typologie gricéene

Dans le Chapitre 1, nous avons vu que Grice distingue trois catégories d'implicatures : il y a, premièrement, les *implicatures conversationnelles particulières* (hautement contextuelles et annulables). Ces implicatures se distinguent de deux autres catégories qui sont sensibles au code linguistique et sont plus difficilement annulables : il s'agit des *implicatures conventionnelles* (36) et des *implicatures conversationnelles généralisées* (37), rappelées ci-dessous[35] :

---

35 Ces exemples figurent dans le Chapitre 1 (*cf.* § 1.2.1).

(36) Elle est pauvre, **mais** elle est honnête.
    → Il existe un contraste entre le fait d'être pauvre et le fait d'être honnête.
(37) X est entré dans **une** maison hier et a trouvé une tortue […].
    → X est entré dans une maison qui ne lui appartient pas.

Dans ces deux exemples, l'enrichissement pragmatique porte sur la forme littérale. L'énoncé (36) demande la compréhension de la relation entre « Le fait d'être pauvre » et « le fait d'être honnête » pour récupérer la proposition explicite, intentionnée par le locuteur. Bien qu'il s'agisse d'une inférence procédurale[36] (par opposition à la construction d'un concept *ad hoc*, impliquant une modulation conceptuelle) l'enrichissement pragmatique aboutit au sens explicite du locuteur. Dans l'énoncé (37), le destinataire fera l'hypothèse que le locuteur utilise le groupe nominal « une maison » à défaut de pouvoir dire plus spécifiquement qu'il s'agit de « sa propre maison ». Ici, l'inférence produite (*i.e.*, que « la maison ne lui appartient pas ») s'apparente à la notion de présupposition, dans la mesure où cette information ne concerne pas le propos pertinent aux yeux du locuteur, à savoir qu'il a trouvé une *tortue* et non un animal domestique plus commun. Dans tous les cas, l'inférence qu' « il ne s'agit pas de sa maison » enrichit le sens de l'article indéfini (« une » maison).

À la lumière de ce qui précède, il semble raisonnable de proposer une simplification de la typologie des implicatures de Grice : les *implicatures conversationnelles généralisées* et les *implicatures conventionnelles* peuvent toutes deux être considérées comme des explicatures, c'est-à-dire des inférences portant sur la forme littérale. Ces enrichissements permettent d'obtenir une proposition, évaluable en termes de conditions de vérité et de tirer des implicatures, si la recherche de pertinence l'exige.

3.2.4. Conséquences de la typologie post-gricéenne sur la rétractabilité des contenus implicites

Maintenant que nous avons abordé la notion d'explicature et simplifié la typologie gricéenne, nous pouvons reconsidérer les exemples de manipulation de Reboul (2011, 2017) présentés dans le Chapitre 2, rappelés ci-dessous :

(38) A : Has Peter finished his homework ?
    B : Well, he has done some of the exercises !
    → *Peter has not done all of his exercises.*

---

36 Voir Blakemore (1987), citée en note de bas de page 19 (*cf.* § 1.2.1).

[A : Pierre a-t-il fini ses devoirs ?
B : Eh bien, il a fait *certains* exercices.
→ *Pierre n'a pas fait tous les exercices.*]

La subtilité de l'énoncé (38) réside dans la signification du terme scalaire « certains ». D'un point de vue vériconditionnel, le fait de dire que Pierre a fait « certains » (ou une partie de ses) devoirs alors qu'il les a *tous* faits est tout à fait consistant, étant donné que l'entier d'une entité implique également ses parties. Autrement dit, faire tous ses exercices implique le fait d'avoir fait certains exercices.

Il existe une littérature abondante concernant l'usage de termes scalaires et les différences interprétatives en fonction des étapes d'acquisition du langage. Selon l'article fondateur de Noveck (2001), un enfant considérera que la réponse de B dans l'énoncé (38) est vraie, parce qu'il interprète « certains » comme étant compatible avec « tous ». En effet, si Pierre a fait tous ses devoirs, cela implique nécessairement qu'il a fait une partie des exercices. Ainsi, d'un point de vue logique, l'énoncé « Pierre a fait certains exercices » est vrai dans un monde où Pierre aurait même fait tous ses exercices. En ce sens, on ne saurait considérer la réponse de B comme un mensonge ou une tentative de manipulation, étant donné que les enfants sont convaincus de la vérité de la réponse fournie.

Par contre, la réponse donnée par B aura une toute autre interprétation au sein d'une population adulte, pour laquelle l'usage du terme « certains » aurait pour implicitation « pas tous ». Autrement dit, si le locuteur énonce que « Pierre a fait certains devoirs », l'adulte pensera que c'est justement parce qu'il n'est pas en mesure d'affirmer qu'il les a tous terminés. Cette inférence est si robuste au sein de la population adulte qu'elle a été considérée comme une interprétation « par défaut » (*cf.* Levinson 2000, De Neys et Shaekon 2007). Ainsi, pour un adulte, si B sait que Pierre a fait tous ses devoirs, sa réponse est plus proche d'un mensonge explicite que d'une tentative implicite de manipulation.

Dans cet exemple, notons également l'importance du marqueur discursif « well » (en anglais) dans l'identification de l'engagement du locuteur. Ici, le marqueur discursif oriente vers une inférence agissant sur la forme explicite. Si l'on ajoute à ce marqueur discursif des indicateurs prosodiques communiquant une certaine hésitation de la part du locuteur, cela aura pour conséquence d'orienter le destinataire vers la conclusion que ses attentes n'ont pas été satisfaites. Ainsi, lorsqu'il s'agira pour le locuteur de nier l'inférence scalaire amenée par le terme « certains », il semblerait que la rétractation soit beaucoup plus convaincante en l'absence du marqueur discursif « well » (38a) qu'en sa présence (38b) :

(38a)　He did some of the exercices, in fact all of them.
(38b)　?Well, he did some of the exercices, in fact all of them.
[(38a)　Il a fait certains exercices, voire même tous.
(38b)　?Eh bien, il a fait certains exercices, voire même tous.]

Dans la paire d'exemples ci-dessus, la tentative de rétractation du locuteur est plus convaincante en l'absence du marqueur discursif (38a) qu'en sa présence (38b). Cela peut s'expliquer par le fait que le marqueur discursif « well » indique une attitude du locuteur vis-à-vis du contenu véhiculé. Cette attitude s'apparente à ce que l'on trouve dans l'exemple « Elle est pauvre, *mais* elle est honnête », où le connecteur communique la perception d'un contraste entre la première et la deuxième proposition. Ici, le connecteur « well » semble donner l'instruction interprétative que la proposition qui suit ne satisfera pas les attentes du destinataire. Cette instruction procédurale ne peut réellement faire l'objet d'une paraphrase, car elle est fondamentalement attitudinale. Dans la tradition post-gricéenne, on parlera alors d'effets « émotionnels » (contrastant avec les effets « cognitifs »), pour se référer aux attitudes impliquées dans la communication verbale (Wilson 2016 ; Wharton 2016 ; de Saussure et Wharton 2019). Dans la mesure où de tels effets rendent l'annulation de contenus moins acceptable (Müller 2020), il est raisonnable de penser qu'ils font partie intégrante des processus d'attribution d'engagement du locuteur.

Abordons maintenant un autre exemple discuté par Reboul (2011, 2017), qui comporte des éléments essentiels faisant obstacle à une rétractation plausible du locuteur :

(39)　[37]　A : Do you know where Anne lives ?
　　　　B : Somewhere in Burgundy, I believe.
　　　　→ B does not know exactly where Anne lives.

　　　　[A : Sais-tu où Anne habite ?
　　　　B : Quelque part en Bourgogne, j'imagine.
　　　　→ B ne sait pas exactement où Anne habite.]

Si l'on regarde de plus près l'énoncé du locuteur B, le fait de dire « I believe » communique explicitement que le locuteur ne sait pas *exactement* où Anne habite (*i.e.,* il s'agit d'une croyance et non d'une certitude). Ainsi, le locuteur ne communique pas uniquement la région dans laquelle Anne habite, mais il dit également qu'il n'a pas la certitude que cette région soit la bonne. Il convient donc de se demander si l' « implicature », proposée par Reboul pour l'énoncé

37　Cet exemple figure dans le Chapitre 2 (§ 2.2.1).

(39) « *B ne sait pas exactement où Anne habite* », ne serait pas simplement un contenu explicite, introduit par la modalité épistémique apportée *I believe* (j'imagine). La question est d'autant plus pertinente dès lors que l'on constate l'impossibilité d'annuler le contenu communiqué, contrairement à ce que l'on devrait obtenir avec une implicature conversationnelle (*i.e.*, l'annulation du contenu, sans générer de contradiction logique) :

> (39a) *B : [Elle vit] quelque part en Bourgogne, j'imagine. Mais si tu veux connaître son adresse exacte, je peux te la communiquer car je la connais très bien !

Ainsi, nous conclurons que le locuteur communique explicitement qu'il n'est pas certain de savoir où Anne réside[38]. Il s'agit bien d'un contenu explicite et non d'une implicature. En vertu de cela, le locuteur sera tenu pour responsable d'avoir communiqué un contenu erroné.

3.3. L'identification de contenus, au-delà de l'intention communicative du locuteur

3.3.1. Implicatures fortes et implicatures faibles

La théorie de la Pertinence fait une distinction entre les implicatures fortes et les implicatures faibles. Les implicatures fortes demandent peu d'efforts pour être comprises et elles peuvent se retranscrire par en une seule proposition. Par exemple, si une personne énonce « Il fait chaud ici ! », regardant la fenêtre qui n'est accessible que pour son interlocuteur, cela communique l'implicature forte « Peux-tu ouvrir la fenêtre ? ». Inversement, les implicatures faibles demandent davantage d'efforts et sont difficilement paraphrasables en une seule proposition car elles coexistent avec « une multitude d'autres implicatures possibles » (Sperber et Wilson 2008 : 643, *notre traduction*).

Sperber et Wilson (2015) illustrent les implicatures faibles par les effets dits « poétiques » provenant d'expressions métaphoriques. Ils donnent l'exemple de la phrase de Shakespeare, « Juliette est le soleil » (*Juliet is the sun*), prononcée par Roméo, qui communique une multitude de sens ne pouvant se résumer en une seule proposition. En effet, lorsque Roméo énonce que Juliette est le soleil,

---

38   Comme l'a souligné un évaluateur anonyme, la difficulté de rétractation du contenu repose essentiellement sur le contenu "j'imagine". Cependant, même en l'absence de cette spécification (c'est-à-dire « Elle habite quelque part en Bourgogne »), l'implicite selon lequel le locuteur ne sait pas exactement où Anne habite reste très fort dans un contexte où il serait mutuellement manifeste que l'adresse exacte est recherchée.

cela peut signifier qu'elle rend son univers plus chaleureux, qu'elle est sa source d'inspiration, sa raison de se lever chaque jour, etc. Cette multitude d'implicatures possible est elle-même motivée par la richesse interprétative qu'offre le concept de « soleil » :

> [In] the classic example "Juliet is the sun", the explicature (one might say) is Juliet is the SUN* where, SUN* is an *ad hoc* concept whose meaning is (vaguely) specified by mutually adjusting explicatures and implicatures in order to satisfy expectations of relevance : the explicature that Juliet is the SUN* must carry an array of implicatures which makes the utterance relevant as expected […]. These implicatures are weak, and cannot be enumerated.

> [[Dans] l'exemple classique « Juliette est le soleil », l'explicature (dirait-on) serait Juliette est le SOLEIL*, où SOLEIL* correspond à un concept *ad hoc* dont le sens est (vaguement) spécifié par l'ajustement mutuel des explicatures et des implicatures afin de satisfaire les attentes de pertinence : l'explicature Juliette est le SOLEIL* est donc porteuse d'un ensemble d'implicatures qui rendent l'énoncé pertinent […]. Ces implicatures sont faibles, et ne peuvent être énumérées.]

> Sperber et Wilson (2015 : 146-147), *notre traduction.*

Dans un contexte interactionnel, la force des implicatures peut être exploitée pour des raisons argumentatives (*i.e.*, amenant des arguments plus ou moins engageants pour le locuteur) ou pour créer des effets humoristiques. L'exemple (40) ci-dessous est une bonne illustration de l'embarras que suscite l'incapacité de comprendre une implicature forte dans un contexte donné :

> (40) [39] Un homme disant au revoir à une femme, tard le soir après un rendez-vous galant.
> La femme : Tu veux venir chez moi boire un café ?
> L'homme : Oh, non merci ! Je ne bois pas de café tard le soir, ça m'empêche de dormir !
> (URL: https://www.youtube.com/watch?v=wonVFRasUbA)

Dans cet échange, l'invitation à boire un café n'est pas à comprendre de manière littérale. En effet, il est absurde, dans ce contexte, de proposer de boire un « café » pour terminer la soirée. Or, c'est à ce niveau de lecture que répond l'interlocuteur lorsqu'il refuse l'invitation, soulignant que le café l'empêcherait de dormir. La dimension humoristique de cet exemple vient précisemment du fait que l'homme est incapable de saisir l'implicature forte, étant une invitation à poursuivre la soirée dans un milieu plus intime. Ainsi, comme l'illustre bien cet exemple, l'incapacité à comprendre une implicature forte présente un risque de se rendre ridicule. Il semble donc qu'il existe véritablement une attente que le

---

39 Nous remercions Hugo Mercier de nous avoir fourni cet exemple.

destinataire soit capable d'identifier les contenus implicites, en particulier ceux qui sont saillants (*i.e.*, les implicatures fortes).

3.3.2. Les « effets présuppositionnels » dans la théorie de la Pertinence

Dans leur ouvrage fondateur, *Relevance : communication and cognition* (1986/95), Sperber et Wilson illustrent la notion de présupposition avec la paire d'exemple suivante :

(41a)   La sœur jumelle de Bill vit à Berlin.
(41b)   Bill a une soeur jumelle qui vit à Berlin.

Bien que ces deux énoncés partagent les mêmes conditions de vérité, seul (41b) asserte et met en focale le fait que Bill a une sœur jumelle. L'énoncé (41a), quant à lui, présuppose le fait que Bill a une sœur jumelle et présente ainsi cette information comme appartenant à un arrière-plan mutuellement partagé.

Afin d'expliquer comment fonctionnent les « effets présuppositionnels » sur le plan interprétatif, Sperber et Wilson (1987 : 202) distinguent les implications de *premier plan* des implications d'*arrière-plan* : les implications de premier plan correspondent au vouloir-dire du locuteur (*i.e.*, les explicatures et les implicatures fortes) et contribuent à la pertinence en produisant des effets cognitifs. Quant aux implications d'arrière-plan (*i.e.*, les présuppositions), elles contribuent à la pertinence en permettant d'économiser des efforts cognitifs. Dans l'énoncé (41a), le fait que Bill ait une sœur jumelle n'est pas un élément central dans la discussion. Dans ce contexte, la question n'est pas de savoir ce que Bill possède (*i.e.*, s'il a une sœur), mais plutôt ce que la sœur de Bill fait. Ainsi, le fait de présenter l'information que Bill a une sœur jumelle en tant que présupposition permet d'économiser des efforts cognitifs sur une information peu importante dans ce contexte et, par conséquent, de gagner en pertinence.

Lorsqu'une présupposition n'est pas mutuellement partagée, le destinataire adoptera des stratégies différentes en fonction de la pertinence de l'information véhiculée : si l'information n'est pas importante ou demande peu de traitement informationnel (*cf.* exemple (42a) ci-dessous), le destinataire peut choisir d'ignorer l'information ou de l'accommoder, c'est-à-dire d'incorporer cette information comme une nouvelle connaissance partagée. Cependant, si la présupposition véhicule une information surprenante ou pertinente (*cf.* exemple (42b)), on peut s'attendre à ce que le destinataire la relève, soit par une élaboration, soit par une mise en question :

(42a)   Je ne peux pas venir à notre rendez-vous. Je dois aller chercher **mon chat** chez le vétérinaire.
Présupposition : le locuteur a un chat.

Stalnaker (1998 : 9), *notre traduction.*

(42b)   Je ne peux pas venir à notre rendez-vous. Je dois aller chercher **mon crocodile** chez le vétérinaire.
Présupposition : le locuteur a un crocodile.

Dans l'exemple (42a), le fait que le locuteur possède un chat demeure complètement anecdotique comparé à l'information de premier-plan (*i.e.,* le locuteur ne peut pas venir au rendez-vous). Toutefois, si l'information d'arrière-plan conduit le destinataire à réviser une croyance préalable (*i.e.,* le fait qu'il soit possible de posséder un crocodile comme animal de compagnie), il est probable qu'il choisisse de questionner le locuteur.

Or, le fait de questionner une présupposition est un mouvement coûteux, car il implique une négociation de l'arrière-plan conversationnel. Une telle démarche constitue parfois une menace à la face sociale du locuteur ou du destinataire, dans la mesure où elle dévoile une certaine ignorance vis-à-vis de l'arrière-plan conversationnel. Enfin, soulignons qu'il n'est pas possible de remettre en question une présupposition sans interrompre le flux conversationnel. Selon von Fintel (2000), certains marqueurs discursifs, tels que « Attends minute ! », peuvent même servir de détecteurs de mise en question de présuppositions, comme illustré ci-dessous :

(42b')   A : Je ne peux pas venir à notre rendez-vous. Je dois aller chercher mon crocodile chez le vétérinaire.
B : **Attends une minute !** Tu as un *crocodile* comme animal de compagnie !?!

Dans certains cas, l'absence de marqueurs discursifs dans la négociation de l'arrière-plan conversationnel comporte une dimension non-coopérative et trompeuse. C'est ce qui se produit dans l'exemple ci-dessous, dans lequel la négation du contenu présupposé n'est pas présenté de manière évidente :

(43)   [40] *L'inspecteur Clouseau, à la réception de l'hôtel, voit un chien.* Il s'adresse au réceptionniste :
L'inspecteur : Votre chien mord-il ?
Le réceptionniste : Non...
L'inspecteur s'approche du chien et essaie de le caresser. Le chien lui saute dessus et mord sa main.

---

40 Nous remercions Dan Sperber pour la suggestion de cet exemple.

> L'inspecteur : Je croyais que votre chien ne mordait pas !?
> Le réceptionniste : Ceci n'est pas mon chien !
> (Extrait de « La Panthère Rose », notre traduction, notre traduction.
> URL: https://www.youtube.com/watch?v=SXn2QVipK2o)

Dans l'échange ci-dessus, le malentendu survient au moment où le réceptionniste répond négativement à la question qui lui est posée. En effet, en l'absence d'une négociation ouverte de l'arrière-plan conversationnel, la négation ne peut porter sur la présupposition que le chien appartient au réceptionniste. Autrement dit, il est davantage plausible de considérer que le réceptionniste cherchait à communiquer « Non, mon chien ne mord pas » plutôt que « Non, ceci n'est pas mon chien ». Dans la mesure où rien ne signale que la négation portait sur l'arrière-plan conversationnel, sa réponse constitue une forme de tromperie. Concernant la problématique qui nous occupe, la question est de savoir si les contenus présupposés permettent, comme le soutien Reboul (§ 2.2.2), une rétractation plausible de la part du locuteur. Par exemple, si le réceptionniste était accusé d'avoir induit le destinataire en erreur, aurait-il la possibilité de nier avoir eu cette intention ? Avant de répondre à cette question, il convient de distinguer deux catégories de présuppositions, à savoir les présuppositions « sémantiques » et les présuppositions « discursives ».

3.3.3. Les présuppositions sémantiques et discursives

Les présuppositions sémantiques se définissent comme des propositions dont la vérité est une « condition nécessaire pour que la phrase énoncée puisse avoir une valeur de vérité » (de Saussure 2016 : 34). Elles sont déclenchées par le code linguistique (*i.e.*, localement), que ce soit par le lexique (44) – (48) ou des formes syntaxiques spécifiques (49). Les présuppositions sémantiques peuvent également être déclenchées par des marqueurs prosodiques (50a) – (50b) qui s'apparentent au fait de pointer du doigt les éléments de premier-plan d'une discussion, par opposition aux éléments d'arrière-plan (Sperber et Wilson 1987/1995 : 203-213) :

> (44) John **regrette** que Marie ait manqué son train.
> Présupposition : Marie a manqué son train.
> (45) Paul a **cessé** de fumer.
> Présupposition : Paul fumait.
> (46) J'ai pris **le** parapluie.
> Présupposition : Il existe un (seul) parapluie spécifique [à la maison, dans la chambre, etc.]

(47) # Me **too**[41] !

   [# Moi **aussi**]

   Présupposition : Quelqu'un d'autre est concerné par x.

(48) Make America Great **Again**.

   [**Rendons** à l'Amérique sa grandeur].

   Présupposition : L'Amérique était grande mais ne l'est plus.

(49) **C'est Marie qui** a pris la dernière tranche de gâteau.

   Présupposition : Quelqu'un a pris la dernière tranche de gâteau.

(50a) **TU** as mangé toutes mes pommes.

   Présupposition : Quelqu'un a mangé mes pommes.

          Wilson et Sperber (1979 : 317), *notre traduction*.

(50b) Tu as mangé toutes mes **POMMES**.

   Présupposition : Tu as mangé quelque chose.

          Wilson et Sperber (1979 : 316), *notre traduction*.

Sperber et Wilson (1979) ont d'abord argumenté en faveur de l'idée que les présuppositions sémantiques étaient des implications logiques, mais recevant l'instruction d'être pragmatiquement traitées comme des informations d'arrière-plan. Ils les qualifient d'implications « basses », par opposition aux implications « hautes ». Ces dernierères correspondent aux implications les plus communément admises, où l'énoncé « Paul a tué Max » implique que « Max est mort ». Cependant, bien que les présuppositions correspondent à de l'information d'arrière-plan, cela ne signifie pas pour autant qu'elles n'ont pas d'importance dans l'attribution de pertinence d'un énoncé. En effet, Wilson et Sperber soulignent que les présuppositions jouent un rôle crucial dans l'environnement cognitif du destinataire lorsqu'il traite un énoncé :

> Without being relevant itself, [the background of an utterance] will be a necessary condition for establishing relevance.
> [Sans être pertinent en lui-même [l'arrière-plan d'un énoncé] sera une condition nécessaire pour l'attribution de pertinence.]
>
>   Wilson et Sperber (1979 : 317), *notre traduction*.

Par la suite, Sperber et Wilson classifient les présuppositions sémantiques dans la catégorie des explicatures de niveau supérieur[42] (*cf.* Sperber et Wilson

---

41 *#Me too* est un slogan devenu viral à la suite de scandales de harcèlements sexuels en 2017, dans différents milieux professionnels. Son objectif était de sensibiliser à l'ampleur du phénomène, comme le suggère le déclencheur de présupposition « *too* ».

42 Dans la terminologie de la théorie de la Pertinence, les explicatures de niveau supérieur sont des informations concernant l'attitude du locuteur ou du type d'acte de langage (*cf.* Carston 2002 : 126).

1987/95 : 179-181 ; Carston 2000 : 10-11), faisant valoir qu'il s'agit d'informations sémantiquement déclenchées ayant pour fonction de restreindre le domaine de recherche de pertinence (Sperber et Wilson 2005). Autrement dit, les présuppositions signaleraient au destinataire qu'une information est relativement moins importante qu'une autre au sein du contenu explicite.

Les présuppositions sémantiques se distinguent des présuppositions « discursives » (*cf.* de Saussure 2013, 2014), qui correspondent formellement à des implicatures, mais qui se comportent pragmatiquement comme des informations d'arrière-plan[43]. Elles sont donc déclenchées de manière « globale », sur la base de l'énoncé et d'informations contextuelles, et présentent la caractéristique d'être logiquement annulables. Toutefois, les présuppositions discursives se distinguent des implicatures de par le fait qu'elles ne correspondent pas au vouloir-dire du locuteur, mais servent plutôt de précondition à la pertinence de l'énoncé, comme illustré ci-dessous :

(51)　Les armes à feu ne sont pas permises dans ce secteur.
(51a)　Les armes à feu pourraient être permises dans ce secteur.
(51b)　Les armes à feu sont probablement permises dans d'autres secteurs.
(51c)　Les armes à feu sont indésirables / dangereuses/… si elles sont portées dans ce secteur[44].

De Saussure (2013 : 179), notre traduction.

Dans cet exemple, les présuppositions discursives (51a) – (51c) contribuent à la pertinence de l'énoncé (51). En effet, s'il était mutuellement manifeste que les armes à feu ne pouvaient en aucun cas être permises dans le secteur mentionné (51a), alors l'énoncé (51) serait redondant et, par conséquent, sous-informatif. Il en est de même si les armes à feu ne sont permises dans aucun autre secteur (51b). Enfin, si les armes à feu sont des objets désirables ou/et aucunement dangereux, alors l'énoncé (51) pose problème. En effet, quel est l'intérêt d'interdire un objet qui ne présente aucun problème ou danger potentiel ? Ainsi, bien que les présuppositions discursives soient logiquement annulables, elles n'en demeurent pas moins nécessaires pour qu'un énoncé soit pertinent. L'annulation d'une présupposition discursive posera donc des problèmes à un niveau pragmatique plutôt que formel.

43　Les présuppositions discursives sont à distinguer des présuppositions pragmatiques (Stalnaker 2002). Ces dernières correspondent formellement à des présuppositions sémantiques, mais on suppose qu'elles sont déclenchées pragmatiquement.

44　Un exemple illustrant la possibilité d'annuler la présupposition discursive serait le suivant : « Les armes à feu ne sont pas permises dans ce secteur, bien qu'elles seraient utiles pour protéger éventuels visiteurs » (annulation de la présupposition discursive (51c)).

Ainsi, les présuppositions sémantiques et discursives se distinguent sur le plan formel, mais contribuent toutes deux à fournir de l'information relative à l'arrière-plan conversationnel. De plus, ces deux types de contenus se présentent *comme si* l'information était véritablement partagée entre le locuteur et son destinataire.

Il convient de souligner qu'un énoncé peut déclencher à la fois des présuppositions sémantiques et discursives, comme en atteste l'exemple ci-dessous :

(52) Les femmes sont aussi intelligentes que les hommes.
(52a) Les hommes sont intelligents. (présupposition sémantique)
(52b) Les femmes pourraient être moins intelligentes que les hommes. (présupposition discursive)
(52c) Il y a des raisons de penser que les femmes sont moins intelligentes que les hommes. (présupposition discursive)

Müller (2018), notre traduction.

En pragmatique cognitive, les effets présuppositionnels, qu'ils soient sémantiques ou discursifs, ont suscité un vif intérêt en raison de leur pouvoir persuasif et manipulatoire. On attribue aux présuppositions la capacité de manipuler une audience de par le fait qu'elles permettent la transmission d'une information de manière non consciente ou faiblement consciente (*cf.* de Saussure 2013 ; Lombardi Vallauri 2016 ; Lombardi Vallauri et Masia 2018). Cela serait produit par le traitement rapide et superficiel dont ces informations font l'objet. Toutefois, bien qu'il existe de nombreuses données expérimentales démontrant un traitement superficiel des présuppositions (Erickson & Mattson, 1981 ; Bredart & Modolo 1988 ; Sturt et collègues 2004 ; Schwarz 2014 *inter alia*), il reste à déterminer dans quelle mesure elles permettent au locuteur de se rétracter d'une intention de manipulation. Pour l'heure, les recherches expérimentales suggèrent qu'une présupposition informative (*i.e.*, non-connue du destinataire) engendre des coûts significatifs (Schwarz 2007 ; Masia et al. 2017 ; Domaneschi & Di Paola 2018), suggérant que le destinataire attribue une certaine pertinence à ces contenus. De plus, Mazzarella et al. (2018 : 20) ont montré qu'un locuteur véhiculant un mensonge à travers un contenu présupposé sera socialement puni au même titre que s'il l'avait communiqué de manière explicite. Selon cette dernière étude, les présuppositions semblent être, à tout le moins, distinctes des implicatures lorsqu'il s'agit de nier une intention de communication. Dans la section suivante, nous ferons valoir qu'une rétractation de la part du locuteur n'est pas toujours convaincante lorsqu'elle implique des contenus présupposés.

En ce qui concerne les présuppositions discursives, il n'existe à ce jour aucune donnée expérimentale ayant évalué leur potentielle rétractabilité. Toutefois, malgré le fait que ces contenus soient logiquement annulables, ils sont fondamentaux pour l'acceptation d'un énoncé comme contenu pertinent. Il semble raisonnable de penser qu'un locuteur coopératif et compétent ne s'engage pas uniquement sur le contenu qu'il asserte, mais également sur le fait que ce contenu est digne d'intérêt (à l'instar de la « présomption de pertinence », telle que définie par Sperber et Wilson 1986/95 : 156). Ainsi, une tentative de rétractation de ces contenus est susceptible d'être perçue comme relevant d'une certaine incompétence ou de mauvaise foi de la part du locuteur (cf. Saussure et Oswald 2009, Müller 2020).

En conclusion, les présuppositions sémantiques et discursives divergent uniquement sur le plan formel : les premières sont déclenchées localement et ne sont pas logiquement annulables alors que les secondes sont déclenchées par la phrase et son contexte, et elles sont logiquement annulables. Toutefois, ces deux catégories convergent dans leur statut de pré-condition pour l'acceptation d'un énoncé comme objet doté de sens et de pertinence. D'une part, les présuppositions sémantiques sont des prérequis pour l'attribution d'une valeur de vérité à la phrase et, d'autre part, les présuppositions discursives sont des prérequis pour la pertinence de l'énoncé. Ces contenus convergent également dans le fait qu'ils se présentent comme étant « mutuellement partagés », ayant notamment pour conséquence d'être traités de manière superficielle par le destinataire, c'est-à-dire sans examen analytique et de manière non-consciente ou peu consciente.

Sur la base de ces distinctions, nous proposons de réévaluer, dans la section suivante, les possibilités de rétractation du locuteur dans l'exemple proposé par Reboul (*cf.* Chapitre 2).

3.2.4. Conséquences de la typologie post-gricéenne sur la rétractabilité des présuppositions

Dans le Chapitre 2, les présuppositions figuraient comme des contenus implicites, sur la base de la distinction gricéenne entre ce qui est *dit* et ce qui est *implicité* (cf. Reboul 2011, 2017). Considérons à nouveau l'exemple où le locuteur B prétend être content pour son collègue (qui a été nommé pour le poste que lui-même convoitait), tout en véhiculant une information pouvant porter préjudice à ce dernier :

> (53) A : J'ai décidé de donner le poste […] à John.
> B : C'est un excellent choix, surtout maintenant qu'il a cessé de boire.
> Présupposition sémantique : John buvait [ou était un alcoolique].

Afin d'identifier le potentiel de manipulation de l'énoncé (53), il convient de rendre compte des différentes configurations possibles en termes de connaissances partagées (ou non) par le locuteur et son destinataire.

Si la présupposition sémantique est mutuellement partagée (*i.e.*, si l'employeur est au courant des problèmes de consommation d'alcool de John), alors il n'y a aucune manipulation en jeu. Toutefois, on peut éventuellement admettre une dimension manipulatrice dans le fait de réactiver une connaissance d'arrière-plan chez le destinataire, dans le but d'induire un changement d'opinion chez l'employeur. Mais si la présupposition n'est pas mutuellement partagée, alors il y a de fortes chances que l'intention de manipulation soit dévoilée. En effet, dans ce contexte, la présupposition que « John buvait » est si pertinente qu'elle risque d'être relevée ou mise en question.

De plus, dans le cas où un processus de renégociation de l'arrière-plan conversationnel serait déclenché, les présuppositions discursives sont également susceptibles de devenir plus apparentes. Dans cet exemple, les présuppositions discursives ((53a) et (53b) ci-dessous) engendrent des problèmes substantiels si on les confronte aux connaissances encyclopédiques que l'on peut raisonnablement attribuer au destinataire :

(53)   B : C'est un excellent choix, surtout maintenant qu'il a cessé de boire.

(53a) ? Le fait d'arrêter la consommation abusive d'alcool est un excellent atout pour être nommé(e) à un poste. (présupposition discursive)

(53b) ? Une personne ayant eu des problèmes d'alcoolisme n'est aucunement susceptible de retomber dans l'alcoolisme. (présupposition discursive)

Comme nous pouvons le voir ci-dessus, les présuppositions discursives déclenchées par (53) apportent des arguments absurdes, où le fait d'être un ancien alcoolique constitue véritablement un atout pour être nommé à un poste (53a), et où un ancien alcoolique ne présente aucun risque de retomber dans l'addiction (53b). Ces présuppositions discursives sont si largement incompatibles avec nos connaissances encyclopédiques qu'il semble nécessaire de les interpréter comme des contenus ironiques. Ainsi, il est raisonnable de penser que l'énoncé (53) est ironique, paraphrasable de la manière suivante :

(53')   *Les personnes qui pensent qu'il est judicieux d'engager un ancien alcoolique sont ridicules.*

L'énoncé (53) s'apparente donc à un sophisme de l'épouvantail[45], dans la mesure où le locuteur attribue à son patron le fait d'avoir choisi John sur la base de son passé alcoolique. Ce critère est manifestement faux, et le fait de le lui attribuer a

---

45 Le sophisme de l'épouvantail consiste à attribuer au locuteur un contenu ou des intentions intentionnellement fausses, afin de discréditer sa position. Plus de détails sur ce sophisme sont fournis au Chapitre 4.

pour but la délégitimisation de ce choix. Dans cet exemple, le locuteur B prend non seulement le risque d'être accusé de véhiculer des informations préjudiciables pour son collègue, mais il est également possible qu'il soit accusé d'attribuer des contenus implausibles et malveillants à son employeur. Comme nous le verrons dans le Chapitre 4, la dimention attitudinale que l'on trouve dans l'ironie constitue un indice essentiel de l'engagement du locuteur (*cf.* de Saussure et Wharton 2019 ; Müller 2020). L'apport attitudinal d'un énoncé verbal est difficilement rétractable, même s'il n'est pas propositionnel.

Ainsi, sur la base de ce qui précède, le contenu véhiculé par le locuteur B ne semble pas rétractable, tant sur le plan des présuppositions sémantiques que sur celui des présuppositions discursives. Dans la mesure où les présuppositions mènent à des conclusions absurdes (*i.e.*, « il est judicieux d'engager un ancien alcoolique »), cela pose un problème essentiel de pertinence. Ici, l'information est manifestement préjudiciable pour John et elle conduit le locuteur à commettre un sophisme de l'épouvantail vis-à-vis de son destinataire. Bien que la présupposition discursive puisse être niée sur le plan logique (car elles correspondent formellement à des implicatures), il semble particulièrement difficile de s'en rétracter de manière plausible étant donné leur contribution à la pertinence de l'énoncé.

3.4. Conclusion

Dans la théorie de la Pertinence, une intention communicative n'est jamais « mutuellement partagée », elle ne pourra qu'être « mutuellement manifeste ». Un stimulus mutuellement manifeste, combiné à des capacités de métareprésentation de quatrième ordre, sont les éléments caractéristiques de la communication verbale. Dans cette nouvelle perspective, le destinataire n'aura jamais de « preuve » de l'intention du locuteur, mais seulement la possibilité d'en obtenir une confirmation :

> The addressee can neither decode nor deduce the communicator's communicative intention. The best he can do is construct an assumption on the basis of the evidence provided by the communicator's ostensive behavior. For such an assumption, there may be confirmation, but no proof.
>
> [Le destinataire ne peut ni décoder ni déduire l'intention communicative du locuteur. La meilleure chose qu'il puisse faire est de construire une hypothèse sur la base d'éléments présentés par le locuteur dans un acte ostensif. Une telle hypothèse peut éventuellement être confirmée, mais elle ne peut pas être prouvée.]
>
> Sperber et Wilson (1986/95 : 65), *notre traduction.*

Si les intentions de communication ne peuvent être « prouvées », cela veut-il dire que le locuteur a la possibilité, en tout temps, de nier un contenu verbalement communiqué ? Dans la perspective de la théorie de la Pertinence, la réponse est plus complexe que dans l'approche de Grice. Comme nous l'avons vu, la théorie de la Pertinence souligne l'importance de l'ostension dans la communication verbale. Cela suppose que la responsabilité de l'inférence appartient aux deux acteurs de la communication : le destinataire a la responsabilité de la construction des inférences interprétatives (comme chez Grice), mais le locuteur est également responsable des stimuli qu'il rend mutuellement manifestes. Ainsi, nous sommes dans une vision bien plus nuancée que dans l'approche gricéenne, car le locuteur et le destinataire partagent la responsabilité de l'interprétation produite.

Ajoutons que la conception d'un destinataire comme unique responsable des inférences produites ne semble pas convaincante sur le plan théorique : en effet, si tous les contenus implicites pouvaient faire l'objet d'une rétractation plausible, alors la communication ne serait aucunement fiable. En ce sens, un contenu implicite deviendrait, pour le destinataire, un élément pour lequel on ne voudrait pas consacrer d'efforts cognitifs car il serait trop risqué. Par conséquent, afin que la communication implicite soit bénéfique également pour le destinataire, elle doit être garante d'une certaine fiabilité qui se traduit par l'engagement du locuteur vis-à-vis des contenus communiqués.

En conclusion, nous sommes conduits à remettre en perspective les prémisses essentielles qui sous-tendent les hypothèses d'une origine manipulatrice de la communication implicite, à savoir :

a. Les implicatures sont coûteuses et susceptibles d'être mal interprétées. (prémisse réfutée)
b. Seules les implicatures requièrent la récupération de deux niveaux d'intention pour être comprises. (prémisse réfutée)
c. Seul le langage permet la communication implicite. (prémisse réfutée)
d. La possibilité d'annuler les implicatures réduit significativement le risque d'être puni dans des situations de manipulation. (prémisse partiellement réfutée)

Concernant les coûts impliqués dans la compréhension de la communication implicite (prémisse a), ils ne sont pas aussi importants que suggérés dans les théories de « manipulation ». En effet, si l'on en croit la théorie de la Pertinence, il existe un *continuum* d'efforts cognitifs entre les contenus explicites et implicites. Les coûts liés à la compréhension de ces contenus dépend davantage de leur degré de pertinence (ou de leur saillance) que de la catégorie à laquelle le contenu appartient. Ainsi, une implicature peut être plus ou moins coûteuse en fonction du contexte, d'où la distinction entre implicatures fortes et implicatures faibles. De plus, une implicature forte peut tout à fait générer des coûts cognitifs comparables à ceux impliqués dans la compréhension d'une explicature, dans la mesure où ces contenus sont particulièrement saillants.

En ce qui concerne les risques de malentendus dans les contenus implicites (prémisse a), il semblerait qu'ils soient davantage liés à la nature de la communication verbale qu'au type de contenu impliqué : comme le soulignent Sperber et Wilson (1986/95 : 18-19 ; 2015) les risques de malentendus sont inhérents à la communication verbale. Cela est dû aux erreurs qui peuvent être impliquées dans l'identification de ce qui est véritablement ostensif ainsi que dans les inférences produites. Ainsi, bien que la communication verbale soit optimale en termes de coûts et de bénéfices cognitifs, elle n'en demeure pas moins une entreprise risquée.

Concernant les niveaux d'intention impliqués dans la communication implicite (prémisse b), Sperber et Wilson argumentent clairement en faveur de l'idée que les énoncés requièrent toujours un niveau de métareprésentation de quatrième ordre, sauf dans des cas absolument faciles et triviaux. Ainsi, les explicatures et les implicatures nécessitent toutes deux des ajustements mutuels entre le locuteur et son destinataire. En ce sens, la communication implicite ne devrait pas être considérée comme un mode distinct de la communcation verbale, mais plutôt comme une partie intégrante de celle-ci. Cependant, une telle vision exige que l'on adhère à l'idée que la communication verbale – aussi bien les implicatures que les explicatures – est globalement régie par des comportements ostensifs et traitée de manière inférentielle.

Concernant l'idée que seul le langage permet la communication implicite (prémisse c), nous avons vu qu'une telle hypothèse n'est pas viable si l'on analyse de près les capacités de métareprésentation humaines. En effet, comme l'a souligné Sperber (2000), la métareprésentation de quatrième ordre – qui sous-tend la communication implicite – est susceptible d'avoir émergé *avant* la compétence linguistique, car cette aptitude ne nécessite pas le partage d'un code. Bien que de telles considérations ne peuvent qu'être spéculatives, il n'en demeure pas moins que la communication ostensive-inférentielle, telle que nous la connaissons, n'a pas besoin du langage pour fonctionner. Selon Sperber (2000 : 126), les capacités de métareprésentation de quatrième ordre peuvent tout à fait exploiter d'autres formes de communication (expressions faciales, gestuelle, imitations, etc.), rendant ainsi la fonction de la communication implicite indépendante de la compétence linguistique.

Cela nous conduit à la dernière prémisse (prémisse d), selon laquelle la possibilité d'annuler une implicature diminue significativement les risques d'être puni en cas de tentative de manipulation. Comme nous l'avons vu, les implicatures ne sont pas les seuls contenus qui permettent une annulation logique : en effet, les explicatures sont également annulables. Ainsi, si l'on tient compte de tous les contenus logiquement annulables, il convient de reformuler la prémisse *d* de la manière suivante :

> d' La possibilité d'annuler un *contenu verbalement communiqué* diminue significativement les risques d'être puni en cas de manipulation.

À ce stade, les éléments que nous avons abordés sur la théorie de la Pertinence ne sont pas suffisants pour évaluer les risques impliqués dans une tentative d'annulation d'un contenu verbalement communiqué. Nous répondrons à cela dans le chapitre suivant, dans lequel nous évaluons la perception de l'engagement du locuteur dans les contenus implicites. Nous examinerons dans quelle mesure la perception de l'engagement du locuteur l'emporte sur la possibilité de se rétracter de contenus ou d'une intention, posant ainsi un problème fondamental pour les théories attribuant une origine manipulatrice à la communication implicite.

Chapitre 4. L'attribution d'engagements au locuteur

4.0. Introduction

Dans le Chapitre 2, la rétractation d'un contenu implicite était présentée comme un outil idéal permettant au locuteur de cacher ses intentions de manipulation. Cette conception de la communication implicite n'est compatible qu'avec une vision irréaliste de l'honnêteté sur le plan psychologique, où le locuteur ne s'engage que sur la vérité de ce qui est explicitement communiqué. Une telle approche de l'engagement du locuteur sera donc qualifiée de « non-psychologique ».

Dans ce qui suit, nous adoptons la perspective du destinataire pour analyser la rétractation du locuteur. Nous verrons que le destinataire accorde de l'importance aux contenus implicites dans son évaluation de l'honnêteté du locuteur, contrairement à ce que défendent les approches « manipulatoires » de la communication implicite. En effet, le locuteur s'engage à la fois sur le contenu explicite et implicite, tant que ce dernier est pertinent dans le contexte donné.

Afin de rendre compte des processus par lesquels des engagements sont attribués au locuteur, nous présentons le sophisme de l'épouvantail qui constitue le mouvement inverse d'une tentative de rétractation de la part du locuteur : avec le sophisme de l'épouvantail, c'est le destinataire qui attribue au locuteur initial des engagements dans des contenus que ce dernier n'a pas communiqués, dans le but de l'attaquer ou de le décrédibiliser. L'analyse de ce sophisme permettra d'illustrer dans quelle mesure l'attribution d'engagements au locuteur se fait au-delà des contenus explicites, et ce de manière routinière dans la communication verbale. Nous verrons les conséquences de l'efficacité du sophisme l'épouvantail sur les théories de « manipulation » de la communication implicite.

La première section montre le lien entre les processus interprétatifs des énoncés verbaux et l'attribution d'engagements au locuteur. Nous verrons que plus un contenu est pertinent dans un contexte donné, plus il sera difficile pour un locuteur de le rétracter (§ 4.1.1). Nous présentons ensuite des variables psychologiques qui pèsent dans l'attribution d'engagements au locuteur, telles que la perception de la compétence et la bienveillance du locuteur (§ 4.1.2). Enfin, contrairement à ce que suggèrent les théories manipulatoires de la communication implicite, nous verrons que le sophisme de l'épouvantail est susceptible de poser d'importantes difficultés à sa victime lorsqu'il s'agit de nier le contenu qui lui a été attribué. Nous l'illustrerons à l'aide de deux exemples authentiques dans lesquels la victime de l'épouvantail a du mal à nier le contenu qui lui a été attribué.

4.1. Le sophisme de l'épouvantail : l'art de fausser la représentation des engagements du locuteur

On parle de sophisme de l'épouvantail lorsqu'une personne attribue volontairement au locuteur initial des contenus ou des pensées qu'il n'a pas eu l'intention d'exprimer, puis présente un contre-argument vis-à-vis de ce nouveau contenu. L'attribution du contenu peut se faire de différentes manières, que ce soit à travers la distorsion d'une citation, une citation partielle, le fait de sortir un propos de son contexte, etc. (Oswald et Lewiński 2014). Le but de ce sophisme, lorsqu'il ne s'agit pas d'une erreur mais d'une action argumentative délibérée, est de facilliter la décrédibilisation d'un adversaire lors d'un débat auprès d'un public (de Saussure 2018). En effet, comme nous allons le voir, le fait de travestir le propos initial d'un locuteur permet de donner l'illusion de révéler au public sa pensée véritable, présentée comme cachée. Si l'attribution d'engagements est plausible pour le public, cela a pour conséquence une destabilisation du locuteur initial, dans la mesure où c'est à lui qu'il revient de prouver que son intention véritable n'était pas celle qu'on lui attribue.

Lewiński et Oswald (2013) présentent la construction d'un sophisme de l'épouvantail avec des exemples fictifs, permettant d'en révéler sa forme essentielle. Ils précisent que ces exemples ne sont que des exagérations pour illustrer le fonctionnement de l'épouvantail :

> (54) P : **Beaucoup** de politiciens de droite sont de fervents croyants. Cela est dû au fait que […].
>
> A : Je ne pense pas que **tous** les politiciens de droite soient de fervents croyants.
>
> Lewiński et Oswald (2013 : 168), *notre traduction*.

> (55) P : Les mesures sociales du gouvernement sont complètement inefficaces : un certain nombre d'études scientifiques, **dont une** récemment publiée dans *Sociology*, révèle des défauts majeurs dans les réglementations.
>
> A : C'est curieux de dire que les mesures sociales du gouvernement sont inefficaces sur la base d'**une seule étude** scientifique.
>
> Lewiński et Oswald (2013 : 168), *notre traduction*.

> (56) P : En fait, **la majorité a voté "pour", mais la motion n'a pas été acceptée** étant donné qu'il n'y avait pas le quorum requis pour l'occasion.

> A : Je trouve regrettable d'apprendre que la **loi de la majorité ne s'applique plus** dans notre parlement !
>
> Lewiński et Oswald (2013 : 168), *notre traduction.*

Dans l'énoncé (54), l'épouvantail consiste en une déformation évidente du propos initial, alors que (55) et (56) procèdent par une citation sélective. Soulignons que ces exemples montrent à quel point ce sophisme comporte des risques pour la personne qui l'utilise : la réalisation d'un sophisme de l'épouvantail comporte le risque d'être publiquement exposé comme un menteur ou une personne non coopérative. Toutefois, dans les faits, la dynamique est bien plus complexe : dans de nombreux cas, l'épouvantail permet de déstabiliser la victime, car cela l'oblige à justifier ou à clarifier sa véritable intention de communication. À ce titre, l'expression « fardeau de la preuve » (*burden of proof*) fait référence à la responsabilité qui incombe à la victime d'un sophisme de prouver son innocence (Walton, 1988 ; Macagno et Walton, 2017 : 111).

Dans sa représentation abstraite, le sophisme de l'épouvantail comporte la structure suivante :

Pour deux personnes engagées dans un débat :

1. Le destinataire attribue à l'adversaire une position.
2. La position attribuée n'est pas celle de l'adversaire. Il s'agit d'une autre position.
3. Le destinataire s'attaque à la position attribuée comme s'il s'agissait de la position réelle de l'adversaire.

> Johnson et Blair (1983 : 96), *notre traduction.*

Concernant cette définition, Walton (1996) souligne que, malgré la clarté de la structure du sophisme, la question reste de savoir comment il est possible d'attribuer à un locuteur une position qu'il n'a pas tenue, et de le faire de manière convaincante. Pour répondre à cela, Walton propose une nouvelle manière de concevoir le sophisme de l'épouvantail : au lieu d'être une mauvaise attribution du point de vue de l'adversaire, l'épouvantail serait plutôt une fausse représentation de l'*engagement* du locuteur (Walton 1996 : 124). Cette définition a l'avantage de distinguer l'épouvantail de l'attaque *ad hominem*, qui consiste uniquement à dénigrer l'opinion ou la personnalité de l'adversaire, souvent indépendamment du discours. En outre, cette nouvelle définition de Walton permet de mettre l'accent sur le fait que ce sophisme exploite d'inévitables incertitudes relatives à l'intention communicative du locuteur.

La définition de l'engagement du locuteur de Walton est fondamentalement la même que celle des théories gricéennes (Müller 2020 : 150-151). En effet, comme nous pouvons le voir dans l'extrait ci-dessous, il considère que le locuteur s'engage uniquement dans ce qui a été explicitement communiqué, et non dans les contenus implicites :

> Commitment, [...] is not a psychological notion. It should be conceived normatively in relation to the requirements of the type of dialogue a speaker is supposed to be engaging in. [...] The key to evaluating particular cases where the straw man fallacy is alleged to have been committed is to be sought in the evidence furnished by the text of discourse and the context of dialogue, as known in that case.
>
> [L'engagement du locuteur, [...] n'est pas une notion psychologique. Elle devrait être conçue normativement en relation avec les exigences du type de dialogue dans lequel un locuteur est supposé s'être engagé. [...] Ce qu'il convient de faire dans les cas où un sophisme de l'épouvantail a supposément eu lieu est de chercher les preuves fournies par le texte du discours et le contexte du dialogue tel qu'il est connu dans le cas présenté.]
>
> Walton (1996 : 127), cité dans Müller (2020 : 150), notre traduction.

Cette approche est héritère de celle de Hamblin (1970 : 257), selon laquelle les intervenants d'une discussion respectent et mémorisent la somme de leurs engagements communiqués. Hamblin parle de « stocks d'engagements » (*commitment stores*) pour se référer à la somme des engagements communiqués. Par ailleurs, l'extrait ci-dessus présente des similitudes avec les théories manipulatoires de la communication implicite, dans la mesure où l'engagement du locuteur n'est pas en soi une notion psychologique, mais correspond à un historique de contenus explicitement communiqués par le locuteur. En effet, comme on peut le voir dans l'extrait ci-dessus, il s'agit de « chercher les preuves fournies par le texte du discours » (Walton 1996 : 127). Cela impliquerait que le locuteur ne s'engage pas dans ce qui est implicitement communiqué. Paradoxalement, Walton (1996 : 126) souligne dans ce même article la difficulté de déterminer quels sont les véritables engagements du locuteur, suggérant l'importance d'une théorie pragmatique permettant de déterminer le vouloir-dire du locuteur.

Comme nous le verrons, une approche non-psychologique de l'engagement du locteur pose problème, dans la mesure où les occurrences du sophisme de l'épouvantail portent, en réalité, aussi bien sur les contenus explicites (*i.e.*, déformation de ce que le locuteur a « dit ») que sur les contenus implicites (*i.e.*, déformation du « vouloire-dire » du locuteur).

4.1.1. Engagement du locuteur et Pertinence

Selon de Saussure et Oswald (2009), une théorie sur l'engagement du locuteur devrait pouvoir rendre compte de l'intuition du destinataire lorsqu'il interprète un énoncé. Ils font valoir, à la suite de Morency et al. (2008), que l'engagement du locuteur est étroitement lié à la manière dont le destinataire attribue de la pertinence aux contenus communiqués :

> Les processus par lesquels les destinataires sont en mesure d'asserter l'engagement d'un locuteur vont de pair avec les processus présidant à la dérivation du sens.
>
> De Saussure et Oswald (2009 : 215)

Autrement dit, plus un contenu verbal est pertinent, plus le locuteur est tenu pour responsable de l'avoir communiqué. Ainsi, une implicature forte sera plus engageante qu'une implicature faible. De plus, le fait d'annuler un contenu hautement pertinent générera une « inconsistance pragmatique », qui se traduit par une impression de mauvaise foi de la part du locuteur (de Saussure et Oswald 2009 : 21).

La perception de mauvaise foi suite à l'annulation d'une implicature forte peut s'illustrer à travers de nombreux exemples issus de discours et de débats politiques. Pour n'en mentionner qu'un seul, rappelons ici le contexte de campagne présidentielle américaine de 2016, durant lequel Donald Trump avait implicitement encouragé la population pro-armes à commettre des actes violents envers Hillary Clinton. Dans un discours de campagne, il a déclaré que rien ne pourrait empêcher Clinton d'interdire le deuxième amendement, « à moins, peut-être, que les partisans du deuxième amendement ne fassent quelque chose à ce sujet »[46]. Dans ce contexte, Donald Trump n'a pas pu nier de manière convaincante qu'il avait l'intention d'inciter la population à la violence (*cf.* Müller 2020 : 152).

À la lumière de ces considérations, il est important de distinguer, comme le fait de Saussure (2018), l'*annulation* d'une implicature de sa *rétractation*. L'annulation intervient juste après la communication du contenu, ce qui permet d'anticiper un éventuel malentendu. Elle se distingue de la rétractation d'une implicature, qui intervient plus tard (de Saussure 2018 : 179). Si l'annulation d'une implicature est toujours logiquement possible, ce n'est pas toujours le cas pour la rétractation d'une implicature. Cela est dû au fait que le contenu, une fois évalué par le destinataire, entraîne des conséquences potentielles pour ce dernier, dont le locuteur sera tenu pour responsable. Plus le contenu est pertinent dans un contexte donné, plus il sera difficile de le rétracter (*cf.* Tableau 13 ci-dessous).

---

46 Dans sa version originale, l'énoncé de Donald Trump est le suivant : « Hilary wants to essentially abolish the Second Amendment[…]. If she gets to pick her judges, nothing you can do, folks. Although the Second Amendment people, maybe there is ». (https://www.youtube.com/watch?v=3sSUpKqMScw).

Tableau 13. Distinction entre l'annulation et la rétractation d'une implicature, telle que définie par de Saussure (2018).

	Annulation de l'implicature	**Rétractation de l'implicature**
Evaluation	Logique	Pragmatique
Opportunités	Toujours	En fonction de la pertinence

Reflétant les critères susmentionnés d'attribution de bonne et de mauvaise foi dans une tentative de rétractation de contenu, Lewiński et Oswald (2013) recourent à la notion de plausibilité pragmatique comme condition déterminante pour savoir si un sophisme de l'épouvantail a été commis. Ils estiment que le contenu sera pragmatiquement plausible si le destinataire suit des procédures d'interprétation contextuellement pertinentes pour déterminer les engagements du locuteur (Lewiński et Oswald 2013 : 170). À l'inverse, lorsque l'on a à faire au sophisme de l'épouvantail, le contenu attribué sera pragmatiquement implausible. À cela, Oswald et Lewiński ajoutent le critère de « charité interprétative », défini comme l'acte de choisir l'interprétation la plus bénéfique pour le locuteur. La combinaison de la plausibilité pragmatique et de la charité interprétative devrait, selon eux, permettre d'identifier un sophisme épouvantail ainsi que les contextes dans lesquels il est le plus susceptible de se produire. Comme l'illustre le Tableau 14 ci-dessous, le sophisme de l'épouvantail consisterait donc à attribuer au locuteur des engagements sur un contenu qui se révèle pragmatiquement peu plausible (*i.e.*, des interprétations larges), survenant principalement dans des contextes peu charitables, tels que les débats politiques :

Tableau 14. Critères d'identification du sophisme de l'épouvantail, selon Lewiński et Oswald (2013 : 170), notre traduction.

	Interprétation précise (plausible)	**Interprétation large (implausible)**
Hautement critique (non-charitable)	Procès criminel, évaluation anonyme d'articles scientifiques…	La plupart des débats politiques.
Constructif (charitable)	Consultations entre docteur et patient, présentations de conférences, discussions de classe.	Discussion amicales, conversations de tables familiales.

Il convient toutefois de souligner que la notion de « plausibilité pragmatique » n'est, à ce stade, que partiellement définie. Dans une situation où deux implicatures sont en concurrence, comment justifier qu'une interprétation soit plus plausible qu'une autre ?

Selon Oswald (2016), lorsque des contenus implicites sont en concurrence, le plus probable sera celui qui résulte d'un rapport optimal entre les efforts et les effets cognitifs. Pour illustrer la démarche, Oswald s'appuie sur l'exemple ci-dessous :

(57)   Ashton Kutcher a donné des conseils matrimoniaux dans la presse. Demi Moore vient pourtant de demander le divorce.

Oswald (2016 : 27), notre traduction.

Cet énoncé comporte plusieurs informations implicites, notamment le fait que Demi Moore est l'épouse d'Ashton Kutsher. Cette information peut être déduite indépendamment de toute connaissance encyclopédique du sujet, en établissant un lien entre la première proposition (sur Ashton Kutcher) et la seconde (sur Demi Moore), selon le principe de la présomption de pertinence. De plus, selon Oswald, l'énoncé (57) génère une implicature forte, qui peut se formuler de la manière suivante :

(57')   Ashton Kutsher n'est pas crédible pour donner des conseils matrimoniaux [puisque son épouse vient de demander le divorce].

Cette implicature serait la conclusion de deux raisonnements possibles, fondés sur des prémisses implicites concurrentes. Dans le premier cas, le raisonnement implicite est fallacieux, car la conclusion ne découle pas nécessairement des prémisses (*cf.* (58) ci-dessous). Dans le deuxième cas (59), il s'agit d'un raisonnement logique de type *modus ponens* :

(58)   Prémisse 1 : Si le mariage d'une personne **est une réussite,** alors cette personne est crédible pour donner des conseils maritaux.
Prémisse 2 : Le mariage d'Ashton Kutcher n'est pas une réussite.
Conclusion : Ashton Kutcher n'est pas crédible pour donner des conseils maritaux[47].

(59)   Prémisse 1 : Si le mariage d'une personne **n'est pas une réussite**, alors cette personne n'est pas crédible pour donner des conseils maritaux.
Prémisse 2 : Le mariage d'Ashton Kutcher n'est pas une réussite.
Conclusion : Ashton Kutcher n'est pas crédible pour donner des conseils maritaux.

---

47   La prémisse 1 n'implique pas *nécessairement* sa contrepartie négative, *i.e.* « Si le mariage d'une personne *n'est pas* une réussite, alors cette personne n'est pas crédible pour donner des conseils maritaux ». Ainsi, il n'est pas possible de déduire, avec la deuxième prémisse, qu'Ashton Kutcher *n'est pas* crédible pour donner des conseils matrimoniaux.

Le raisonnement le plus plausible du locuteur – et donc le plus susceptible de lui être attribué – est celui qui présente un rapport optimal entre ses coûts et ses effets cognitifs. Selon Oswald, les deux raisonnements ci-dessus diffèrent uniquement sur le plan de leurs coûts interprétatifs : dans l'environnement cognitif du destinataire, la conditionnelle comprenant la négation (59) est celle qui requiert le moins d'efforts cognitifs, car cette information a préalablement été introduite dans l'énoncé (57). En effet, la mention du divorce en (57) rend la prémisse implicite (59) peu coûteuse, car elle encode un concept similaire étant la « non-réussite » d'un mariage (*cf.* (59) « Si le mariage d'une personne *n'est pas* une réussite »). Ainsi, Oswald conclut que l'interprétation la plus plausible est celle issue du raisonnement présenté en (59), car elle présente la meilleure relation entre coûts et efforts cognitifs.

En somme, les outils d'analyse proposés par Oswald permettent d'évaluer de manière plus précise les engagements du locuteur dans des contenus implicites et de déterminer si le raisonnement est logique ou fallacieux. Comme nous le verrons plus tard, ces mêmes outils peuvent être appliqués dans l'analyse du sophisme de l'épouvantail.

4.1.2. Engagement du locuteur et vigilance épistémique

La notion de « charité interprétative » proposée par Oswald et Lewiński ne dépend pas uniquement de formalités situationnelles, telles que le fait de comparaître au tribunal, d'être en consultation médicale, ou de tenir une conversation amicale… La charité interprétative dépend également de la perception que le destinataire aura de la bienveillance et de la compétence du locuteur :

> […] it seems reasonable to assume that recipients of argumentation take into account at least the following two dimensions before they reach the stage where they are convinced (or unconvinced): i) the amount of trust they credit the speaker with and ii) the quality – in terms of consistency – of the information that is brought to their attention.
>
> [[…] il semble raisonnable de penser que les destinataires d'une argumentation prennent en considération au moins deux dimensions avant d'atteindre le stade où ils pourront s'estimer convaincus (ou non convaincus) : i) le degré de confiance qu'ils attribuent au locuteur ainsi que ii) la qualité – en termes de cohérence – de l'information qui leur a été présentée.]
>
> Oswald et Lewiński (2014 : 319*), notre traduction.*

Le rôle de l'attribution de bienveillance et de compétence au locuteur dans l'interprétation d'énoncés est au cœur de l'hypothèse de la « vigilance épisté-mique » de Sperber et al. (2010), présentée au Chapitre 3 (§ 3.1.3). Pour rappel, l'hypothèse de la vigilance épistémique postule que la communication va de pair avec un outillage destiné à protéger les individus des risques de manipulation. Elle se fonde sur le constat de l'inégalité des buts du locuteur et de son destinataire dans la communication verbale : d'un côté, le locuteur cherche à produire un effet cognitif chez le destinataire tandis que, de l'autre côté, le destinataire cherche de l'information qui soit utile et fiable. Or, la plupart du temps, les intérêts de part et d'autre divergent. Ainsi, comme nous l'avons vu précédemment, le langage est bénéfique car il permet d'échanger des informations complexes et sophistiquées, mais il comporte le risque d'être trompeur pour le destinataire. Dans une perspective évolutive, la communication n'aurait pas pu se stabiliser au sein de l'espèce humaine sans vigilance épistémique, permettant au destinataire de se prémunir contre des tentatives de manipulation.

Cette hypothèse a par la suite été soutenue par de nombreuses recherches empiriques dans le domaine de la cognition sociale et dévelopementale (Landrum et al. 2013 ; Vullioud et al. 2017 ; Harris et al. 2018 ; Altay et al. 2020, *inter alia*). Elles montrent notamment que l'être humain ne traite pas toutes les informations de manière égale, en fonction de la manière dont la source de l'information est perçue (Hasson, Simmons et al. 2005). Par exemple, à l'âge de quatre ans, les enfants sont déjà capables d'émettre un jugement relatif à la fiabilité de la source d'une information, faisant une distinction entre la bienveillance et la compétence de la source (Mascaro and Sperber 2009). De plus, le fait que les humains soient capables de distinguer la compréhension d'un énoncé du caractère acceptable de son contenu suggère une double compétence, à savoir celle d'échanger de l'information et celle d'évaluer la qualité de l'information. La distinction entre la compréhension et l'acceptation d'un énoncé suppose que l'être humain adopte une posture de confiance provisoire – permettant de comprendre l'énoncé – pour ensuite évaluer la fiabilité de l'information à travers le module de vigilance épistémique (Sperber et al. 2010 : 368). Selon Sperber et collègues, la vigilance épistémique serait une adaptation qui aurait permis de préserver les bénéfices de la communication tout en réduisant les risques de manipulation. Soulignons que, bien avant la parution de la théorie de la vigilance épistémique, Sperber parlait déjà de la capacité du destinataire à adopter une stratégie interprétative vigilante :

> Dans [...] la stratégie sophistiquée, le locuteur n'est pas présumé bienveillant ou compétent. Il est simplement présumé comme ayant l'intention de paraître compétent ou bienveillant.
>
> Sperber (2000 : 196), *notre traduction.*

Ces considérations sur la vigilance épistémique permettent de mettre en évidence une contradiction issue des approches de la manipulation de la communication implicite. Pour rappel, ces approches justifient l'essence manipulatoire de la communication implicite en arguant qu'elle n'est pas optimale pour la communication, car elle entraînerait des coûts interprétatifs inutiles et un risque accru de générer des malentendus. Or, pour que la manipulation implicite fonctionne, il faut que le contenu soit compris par le destinataire puis, le cas échéant, qu'il soit « plausiblement nié ». Ainsi, si les messages implicites ne présentaient aucun intérêt sur le plan de la communication, c'est-à-dire s'ils n'offraient aucune garantie informative, ils n'auraient même pas la possibilité d'être exploités à des fins de manipulation.

La compréhension de l'implicite étant une condition préalable à l'acte de manipulation, il est raisonnable de postuler que la communication implicite est fondamentalement garante d'une qualité optimale[48] dans la transmission de l'information. Si l'on ajoute à cela l'idée que chaque individu est doté d'un module de vigilance épistémique, il y a d'autant plus de raisons de penser que la communication implicite s'est stabilisée au sein de l'espèce afin d'optimiser la transmission d'informations plutôt que pour manipuler autrui. Ainsi, sur la base de ces considérations, la communication implicite apparaît comme un outil informatif parfaitement fonctionnel, qui peut éventuellement être exploité à des fins de manipulation, mais pas de manière systématique. L'ensemble de ces éléments contredit le postulat selon lequel la communication implicite serait fondamentalement risquée et inefficace en tant qu'outil de communication (*cf.* Figure 1 et Tableau 8, Chapitre 2).

En ce qui concerne les possibilités de rétractation de contenus implicites, on retrouvera l'idée de vigilance épistémique dans les seuils variables de tolérance du destinataire, en fonction de la confiance qu'il accorde au locuteur. Oswald et Lewiński (2014) soulignent que le niveau de charité interprétative est inversement proportionnel à celui de la vigilance épistémique du destinataire : plus le destinataire est vigilant, moins il est charitable dans

---

48   La qualité « optimale » pour la transmission d'information fait référence au principe de présomption de pertinence qui accompagne chaque énoncé verbal. Pour rappel, la communication vise une relation optimale (*i.e.*, la plus bénéfique possible) entre les coûts interprétatifs requis et les effets cognitifs engendrés : « We propose […] to take the relevance of a phenomenon to an individual to be the relevance achieved when it is optimally processed : that is, when the best possible representation and context are constructed, and by the most economical method. ». [Nous proposons […] de concevoir la pertinence d'un phénomène pour un individu comme étant la pertinence atteinte lorsqu'elle est le résultat d'un traitement optimal : c'est-à-dire, quand les meilleures représentations et contextes possibles sont construits, à travers la méthode la plus économique.] (Sperber et Wilson 1987 : 703, *notre traduction ;* voir aussi § 3.1.).

ses interprétations. Lorsque le locuteur est considéré comme étant bienveillant, la charité interprétative est plus grande. De plus, lorsque le locuteur est perçu comme étant compétent (*i.e.*, lorsqu'il revêt une apparence cohérente), la charité interprétative du destinataire est également plus grande. En somme, Oswald et Lewiński décrivent le fonctionnement de la charité interprétative de la manière suivante :

> The twofold idea behind epistemic vigilance, to put it crudely, is obviously that we tend to be more convinced by people we trust and messages we find consistent and truthful than by dodgy people and ill-evidenced or dubious, perhaps contradictory, messages.
>
> [La double idée derrière la vigilance épistémique, pour le dire simplement, est clairement que nous tendons à être plus facilement convaincus par les personnes en lesquelles nous avons confiance et aux messages que nous trouvons cohérents et véridiques, par opposition à des personnes douteuses et des messages sans preuve, douteux et éventuellement contradictoires.]
>
> Oswald et Lewiński (2014 : 6), *notre traduction*.

À cela, il convient d'apporter une nuance. Il semblerait que la notion de *compétence* soit plus fragmentée que celle de *bienveillance*. En effet, il est possible de distinguer deux approches de la compétence du locuteur, à savoir la compétence de fournir un discours cohérent (comme le proposent Oswald et Lewiński 2014) et le fait d'être réputé comme étant un expert sur le sujet dont il est question. Ces deux notions sont à distinguer étant donné qu'il est possible de donner l'*apparence* d'un discours cohérent sans pour autant être un expert sur le sujet donné et inversemment.

Ainsi, la vigilance épistémique modulera le degré auquel le destinataire permet au locuteur de négocier le contenu dans lequel il s'est engagé. La charité interprétative du destinataire aura tendance à diminuer dans un contexte de vigilance épistémique élevée, ce qui se traduira par une perception de l'engagement du locuteur plus strictement conforme aux principes de présomption de pertinence, tels que décrits dans la section précédente (§ 4.1.1), avec peu de marge de négociation.

4.2. Sophisme de l'épouvantail et rétractation du locuteur

Sur la base des critères fournis dans les sections deux précédentes, nous proposons l'analyse de deux exemples authentiques impliquant un sophisme de l'épouvantail. Le premier montre dans quelle mesure les outils de la pragmatique cognitive permettent d'identifier des sophismes qui auraient été ignorés par d'autres cadres théoriques. Le deuxième exemple illustre la difficulté de rétracter une attribution de contenu dans des contextes peu charitables, même lorsque le contenu attribué n'est pas pragmatiquement plausible.

4.2.1. Sophisme de l'épouvantail : l'intérêt d'une approche cognitive (exemple 1)

L'échange ci-dessous[49] se déroule dans le contexte d'un débat télévisé opposant deux célébrités françaises, l'humoriste Ramzy et le polémiste Eric Zemmour. Au cours du débat, Éric Zemmour cite le philosophe Pascal pour étayer ses propos, en soulignant que la citation est de notoriété publique. Il s'ensuit un échange qui aboutit à la production d'un sophisme de l'épouvantail :

> (60) Ramzy : On cite trop de gens. On peut pas parler normalement sans faire du *name-dropping* à tout va ?
>
> Zemmour : Excusez-moi d'avoir lu des livres.
>
> Ramzy : « Excusez-moi d'avoir lu des livres »… vous sous-entendez quoi avec ça ?
>
> Zemmour : Rien… vous me reprochez de citer des auteurs ; je préfère citer des auteurs que de me les approprier sans les citer. Ce n'est pas de la vanité, c'est simplement que j'ai du respect pour ces auteurs.
>
> Ramzy : Et ensuite la phrase, « Excusez-moi, *moi*, d'avoir lu des livres », qu'est-ce que ça sous-entend ? Ça ne sous-entend pas que moi je n'ai rien lu ?
>
> (applaudissements du public)
>
> (URL : https://www.youtube.com/watch?v=SwwoL4LAfFo, 8min 50sec)

Dans cet extrait, on peut d'abord relever un exemple typique de considérations métadiscursives déclenchées par des doutes émis sur l'engagement du locuteur. En effet, dès la deuxième prise de parole de Ramzy (« *Excusez-moi d'avoir lu des livres »… vous sous-entendez quoi avec ça ?*), la progression du débat s'interrompt en vue de clarifier ou de renégocier l'énoncé véritable de Zemmour.

Mais l'intérêt principal de cet exemple réside dans le fait qu'il révèle des différences significatives entre les approches psychologiques et les approches non-psychologiques de l'engagement du locuteur. Dans une perspective non-psychologique d'attribution d'engagements au locuteur, telle que défendue dans les approches manipulatoires, Ramzy serait considéré comme responsable d'avoir commis un sophisme de l'épouvantail parce qu'il a déformé la déclaration initiale de Zemmour. En effet, il attribue à Zemmour le contenu « Excusez-moi,

---

49 Nous remercions Steve Oswald et Thierry Raeber pour le partage de cet exemple. Des analyses plus détaillées de cet exemple figurent dans de Saussure (2018) et Müller (2020).

moi, d'avoir lu les livres », alors que l'emphase n'existait pas dans le propos initial. À l'inverse, si l'on tient compte des intentions du locuteur (approche psychologique), ce serait alors Zemmour qui serait responsable d'avoir commis un sophisme de l'épouvantail : en s'excusant (*i.e.*, « Excusez-moi d'avoir lu des livres ! »), Zemmour attribue à Ramzy l'accusation d'avoir lu des livres, ce qui n'est pas un contenu pragmatiquement plausible et ne peut être compris que comme étant ironique (*cf.* § 3.1.2). L'ironie est également perceptible à travers une dimension attitudinale qui sert à discréditer ou à attaquer le contenu attribué, ce qui rend le sophisme complet dans sa réalisation, à savoir l'attribution d'un contenu pragmatiquement implausible et l'attaque du contenu attribué.

Concernant cet exemple, nous avons appliqué dans Müller (2020) les outils d'Oswald (2016) présentés plus haut (§ 4.1.1) pour évaluer la plausibilité du contenu que Zemmour attribue à Ramzy. Il en ressort une division entre des implicatures plausibles et des implicatures moins plausibles, présentées dans le Tableau 15 ci-dessous :

Tableau 15. Évaluation de la plausibilité des implicatures (Müller 2020 : 161, notre traduction).

Ramzy : « On cite trop de gens. On peut pas parler normalement sans faire du *name-dropping* à tout va ? »

Implicatures plausibles	**Implicatures moins plausibles**
a. Il existe un contraste entre le fait de parler normalement et le fait de ne pas parler normalement.	j. Lire des livres est une condition nécessaire pour faire du name-dropping.
b. Il y a une limite au-delà de laquelle le fait de citer des auteurs n'est pas nécessaire.	k. Zemmour a lu des livres et peut, par conséquent, faire du name-dropping.
c. Le fait de parler normalement implique de ne pas aller au-delà d'un nombre acceptable de citations.	l. Faire du name-dropping n'est pas bien.
d. Le fait de citer des auteurs au-delà de ce qui est nécessaire équivaut à faire du *name-dropping.*	m. Par conséquent, lire des livres n'est pas bien.
e. Faire du name-dropping revient à se vanter.	
f. Eric Zemmour fait du name-dropping.	
g. Eric Zemmour se vante.	
h. La citation d'Eric Zemmour n'est pas pertinente pour le propos en discussion.	
i. Eric Zemmour commet un sophisme *ad verecundiam* (*i.e.*, argument d'autorité).	

Pour rappel, le contenu implicite le plus plausible sera celui qui présentera la relation la plus optimale entre efforts et effets cognitifs. Lorsque l'on procède à l'évaluation des coûts et bénéfices de chaque implicature, il en ressort que le fait d'accuser son adversaire de s'adonner à une activité aussi positivement connotée que de « lire des livres » est absurde. Une telle représentation est non seulement extrêmement coûteuse (car elle va à l'encontre d'une idée largement répandue), mais elle est également peu porteuse d'effets cognitifs. Dans l'hypothèse où Ramzy aurait réellement accusé Zemmour de lire trop de livres, cela ne fournirait pas beaucoup d'informations utiles pour la progression du débat. En effet, accuser un adversaire de lire trop de livres est un argument pauvre et contre-productif ; et les informations potentielles qui seraient révélées à propos de Zemmour sont redondantes puisqu'il est connu comme étant un intellectuel qui lit beaucoup de livres. Par conséquent, les prémisses et les conclusions « j-m » sont considérées comme peu plausibles, car elles n'apportent que trop peu d'effets cognitifs, à savoir l'ajout, le renforcement ou la révision d'une croyance préalable (*cf.* § 3.1. Tableau 9).

Ainsi, si l'on devait paraphraser l'énoncé initial de Zemmour, l'énoncé (61), fondé sur les implicatures plausibles, serait plus convainquant que le (62), qui reprend les implicatures peu plausibles :

(61)   Ramzy : Je pense que vous citez trop souvent des auteurs. Ces citations ne sont pas des arguments valables car il s'agit d'un argument d'autorité et cela s'apparente également à du snobisme.

(62)   ? Ramzy : Vous avez lu trop de livres et cela n'est pas bien.

En comparant les deux paraphrases possibles de la déclaration de Ramzy (« On cite trop de gens. On peut pas parler normalement sans faire du *name-dropping* à tout va ? »), on constate qu'il est plus probable qu'il essaie de reprocher à Zemmour son snobisme que le fait d'avoir simplement lu des livres. Si cette conclusion est correcte, alors la réponse de Zemmour (« Excusez-moi d'avoir lu des livres ») se présente comme une réponse à une accusation qui ne lui avait pas été faite. De part la structure et le propos de sa réponse, nous pourrions dire que Zemmour attribue à Ramzy, par la forme « Excusez-moi de […] », l'accusation de lire des livres. Etant donné que ce contenu est pragmatiquement peu plausible, il rempli le premier critère du sophisme de l'épouvantail, c'est-à-dire de déformer le propos initial du locuteur. Toutefois, afin d'évaluer s'il s'agit véritablement d'un sophisme de l'épouvantail, il reste à évaluer si Zemmour présente un contre-argument ou une attaque vis-à-vis du contenu attribué à Ramzy. Dans cet exemple, l'attaque réside dans le fait que l'énoncé de Zemmour est manifestement ironique. En effet, il serait absurde de présenter des excuses pour une activité aussi bien connotée que de lire des livres. Dans Müller (2020), nous présentons les implicatures suivantes (63*a-i*) comme étant des interprétations pragmatiquement plausibles de l'énoncé de Zemmour, faisant ainsi apparaître les contre-arguments cachés dans l'énoncé ironique :

(63) **Zemmour : Excusez-moi d'avoir lu des livres !**
　　　a. Lire des livres est une condition nécessaire pour faire du name-dropping.
　　　b. J'ai lu des livres et, par conséquent, je peux faire du name-dropping.
　　　c. Ramzy m'accuse de faire du name-dropping et, par conséquent, d'avoir lu des livres.
　　　d. Lire des livres est une bonne chose.
　　　e. Le fait d'accuser une personne de lire des livres est ridicule.
　　　f. Si Ramzy avait lu des livres, il serait également capable de faire du name-dropping.
　　　g. Ramzy ne fait pas de name-dropping et, par conséquent, n'a pas lu de livres.
　　　h. Les personnes qui ne lisent pas de livres ne sont pas compétentes.
　　　i. Ramzy n'a pas lu des livres et n'est pas compétent.
　　　[…]

Müller (2020 : 162), notre traduction.

Les implicatures ci-dessus présentent toutes une meilleure relation entre efforts et effets cognitifs que si l'énoncé de Ramzy avait été interprété de manière littérale. En effet, une interprétation littérale s'avérerait être très coûteuse, car elle va à l'encontre de croyances largement établies (*i.e.*, c'est une bonne chose de lire des livres, pourquoi devrait-on s'en excuser ?). Par contre, dans son interprétation ironique, il est possible d'obtenir une pluralité d'informations relatives à l'attitude du locuteur vis-à-vis du contenu attribué et d'en déduire son apport argumentatif, notamment le fait que, selon Zemmour, Ramzy n'est pas un locuteur compétent. Sur la base du contenu implicite émergeant d'une lecture ironique des propos de Zemmour en (63), on constate un effet cognitif plus important que dans une lecture littérale (*i.e.*, des excuses sincères d'avoir lu trop de livres), puisqu'elle lui confère plus de force argumentative et de cohérence discursive.

Ainsi, l'énoncé de Zemmour est plus probablement ironique que littéral. La dimension ironique de l'énoncé comporte une attitude dissociative, manifestée notamment par l'implicature (63*g*) présentée ci-dessus. L'attitude conviée par le contenu ironique est précisément ce qui constitue une attaque à l'encontre de l'énoncé initial de Ramzy (*i.e.*, *[…]On peut pas parler normalement sans faire du name-dropping à tout va ?*). Selon nous (*cf.* Müller 2020), même si l'attitude du locuteur n'est pas véritablement propositionnelle (*i.e.*, elle ne peut se paraphraser en un ensemble fini de propositions), elle n'en demeure pas moins indissociable du contenu ironique et essentielle dans l'évaluation de l'engagement du locuteur. Ici, la pertinence de l'énoncé « *Excusez-moi d'avoir lu des livres* » repose sur l'attitude dissociative communiquée. Dans la mesure où cette attitude est fondamentale pour la pertinence de l'énoncé, il sera difficile de s'en rétracter.

Ainsi, un échange comme celui-ci nous conduit à des réserves sur les approches de manipulation pour lesquelles, en ce qui concerne la rétractation du locuteur, les implicites de l'énoncé « Excusez-moi d'avoir lu des livres » seraient plausiblement rétractables : en effet, malgré la complexité du sophisme de l'épouvantail commis par Zemmour, sa tentative de rétractation échoue, car la pertinence des contenus implicites est trop importante dans ce contexte. En outre, nous pourrions soutenir que la reformulation de Ramzy (*i.e.*, « Excusez-moi, *moi*, d'avoir lu des livres ») n'est pas un sophisme de l'épouvantail, mais plutôt une mise en évidence des sous-entendus de la déclaration initiale de Zemmour (*i.e.*, « Excusez-moi d'avoir lu des livres »).

4.2.2. Sophisme de l'épouvantail : de l'attribution d'un contenu à l'attribution d'une pensée (exemple 2)

Le sophisme de l'épouvantail est parfois utilisé dans le but d'attribuer une pensée – et non un contenu – au locuteur, qui est présenté comme un élément caché au public. Cette dimension rapproche le sophisme de l'épouvantail d'une attaque *ad hominem*, dans la mesure où la cible est avant tout la personne (et ses pensées) et non ses paroles. Toutefois, comme nous le verrons, l'attribution d'une pensée au locuteur demeure distincte d'un simple *ad hominem*, car elle se construit sur la base de ce que le locuteur communique.

Dans l'extrait ci-dessous, nous assistons à la fois à l'attribution d'un contenu, puis à l'attribution d'une pensée au locuteur, dans un but de décrédibilisation de son argument initial. L'échange se déroule lors d'un débat télévisé au sujet de l'attentat contre *Charlie Hebdo* survenu en 2015, où Tariq Ramadan, islamologue suisse, est accusé de tenir un double discours au sujet de la liberté d'expression[50]. Cela s'explique par le fait que, malgré une condamnation explicite des attentats de Charlie Hebdo, Tariq Ramadan qualifie l'humour de cette revue comme étant de l'humour « de lâche ». Il justifie ce propos en disant que Charlie Hebdo procédait à une stigmatisation systématique de la communauté

50　Tariq Ramadan est souvent présenté comme porteur d'un double discours, c'est-à-dire modéré pour les médias, mais implicitement défenseur d'une vision radicale de l'Islam (*cf.* Vasseur 2015).

musulmane à des fins commerciales (*argument initial,* ci-après « ARG1 »). Le désaccord des journalistes faisant face à Tariq Ramadan aboutit à la déformation de son propos initial, dans le but de révéler au public ce qui leur apparaît comme étant sa pensée véritable, c'est-à-dire que « les journalistes de Charlie Hebdo sont racistes » (*attribution au locuteur*) :

(64) **Journaliste A :** C'est la quatrième fois que vous dites que [Charlie Hebdo] **stigmatisait systématiquement la même communauté [ARG1]**, ce qui est faux, excusez-moi […] ! Vous pouvez pas dire qu'ils s'en prenaient qu'aux musulmans, c'est juste faux ! *(Rejet de ARG 1)*

Tariq Ramadan : […] Je ne suis pas le seul à penser cela, Monsieur. Ce n'est pas ma pensée. **Il y a même des gens qui étaient des journalistes de Charlie Hebdo qui sont partis en disant qu'il y avait une tendance au racisme dans cette rédaction [ARG2].** […]

Journaliste B : Non mais, ça[51], ça arrive dans toutes les rédactions. **Vous ne pouvez pas en tirer comme conclusion qu'ils sont racistes** […] ! *(Attribution de contenu)*

Tariq Ramadan : […] Non non non, attention. Moi, je n'ai jamais dit qu'ils étaient racistes […]. En l'occurrence, j'ai dit que *certains* de *l'intérieur* de la rédaction les ont traités de racistes. Je ne l'ai jamais fait. Moi ce que j'ai dit…*(Rétractation du contenu attribué)*

Journaliste A : Mais **vous le pensez ou pas** !? Alors vous le citez, « ils ont dit ça », mais c'est pas parce que vous le pensez !? Mais vous êtes pas clair quand même ! *(Attribution de pensée)*

(URL: https://www.youtube.com/watch?v=UVzJg-81EUY

4min 42sec)

L'échange ci-dessus se structure en cinq mouvements : 1) le journaliste A rejette l'argument initial de Tariq Ramadan justifiant le propos portant sur l' « humour de lâche » de *Charlie Hebdo* (ARG1). Suite à cela, 2) Tariq Ramadan présente un deuxième argument pour justifier son argument initial, prenant la forme suivante : « *Il y a même des gens qui étaient des journalistes de Charlie Hebdo qui sont partis en disant qu'il y avait une tendance au racisme dans cette rédaction.*» (ARG2). C'est à ce stade qu'interviendrait le sophisme de l'épouvantail avec 3) la journaliste B attribuant à Tariq Ramadan le *contenu* « Les journalistes de *Charlie Hebdo* sont racistes ». Suite à l'attribution du contenu, 4) Tariq Ramadan présente une rétractation, faisant valoir qu'il rapportait un discours, distinct du sien. Enfin, 5) le journaliste B l'interroge sur la pertinence d'avoir présenté ce deuxième argument. En effet, le fait de rapporter le discours

---

51 *I.e.,* les démissions au sein d'une rédaction.

d'anciens journalistes ne semble pertinent, dans ce contexte, que s'il endosse la *pensée* de ces derniers. Ainsi, le journaliste B attribue à Tariq Ramadan la *pensée* (et non le contenu) « Les journalistes de Charlie Hebdo sont racistes ». La question est de savoir si l'attribution de cette pensée est plausible, ou si elle serait qualifiable de sophisme de l'épouvantail.

La Figure 6 ci-dessous présente les prémisses et les conclusions qui sous-tendent le raisonnement de Tariq Ramadan. Nous avons laissé une marge d'interprétation concernant la Prémisse 1, qui pourrait théoriquement être formulée comme un argument d'autorité (*i.e.*, « Si d'anciens employés disent p au sujet de leur ancien environnement de travail, alors p est VRAI ») ou comme un argument faisant valoir la forte probabilité de sa vérité (*i.e.*, « Si d'anciens employés disent p […], p est VRAISEMBLABLE »). Il convient de souligner que le choix entre ces deux interprétations aura des incidences sur l'argument principal de Tariq Ramadan (*cf.*, ARG1, Figure 6) : dans le premier cas (si p est vrai), ARG1 sera considéré comme étant tenu pour vrai par Tariq Ramadan, alors que dans le deuxième cas (p est vraisemblable), ARG1 sera interprété comme étant seulement tenu pour vraisemblable. En outre, dans une perspective argumentative, ARG1 présente un meilleur rapport entre coûts et bénéfices s'il est vrai que s'il est considéré comme vraisemblable, car cela permet de justifier davantage le propos initial faisant polémique (*i.e.*, *Charlie pratiquait un humour de lâche*).

Sur la droite de la Figure 6 figurent les deux attributions faites au locuteur, la première étant l'attribution de *contenu*, et la deuxième étant l'attribution de *pensée*. Si l'on compare l'attribution du contenu (« Vous ne pouvez pas en tirer comme conclusion qu'ils sont racistes ») avec l'énoncé initial de Tariq Ramadan (ARG 2), nous sommes dans un cas typique de citation partielle (*cf.* (55)-(56), Oswald et Lewiński 2014, § 4.1.), qui omet le fait que le locuteur rapportait le discours d'autres personnes – d'anciens journalistes de Charlie Hebdo – tenant des propos plus extrêmes que les siens. Dans la rétractation du contenu, Tariq Ramadan souligne justement que l'attribution du contenu est problématique, car elle omet une partie de son énoncé initial.

En ce qui concerne l'attribution de pensée à Tariq Ramadan, elle procède de manière différente de la simple attribution de contenu. Ici, le destinataire pose la question de la pertinence d'invoquer le discours d'anciens employés de *Charlie Hebdo* dans le but de soutenir l'argument initial. Comme mentionné plus haut, le fait de s'engager sur la vérité de la Conclusion 1 (*i.e.*, il est VRAI qu'il y avait une tendance au racisme au sein de *Charlie Hebdo*) a des incidences sur la force de l'argument portant sur la stigmatisation de communautés (Conclusion 2, ARG1). Autrement dit, pour que ARG1 soit doté d'une certaine force, il semble nécessaire que Tariq Ramadan s'engage également à penser qu'il est vrai que les journalistes de *Charlie Hebdo* sont racistes (ou avaient tendance à l'être). En ce sens, l'attribution de pensée ne saurait être qualifiée de sophisme de l'épouvantail, car elle révèle les contenus nécessaires à la pertinence du propos véhiculé par Tariq Ramadan.

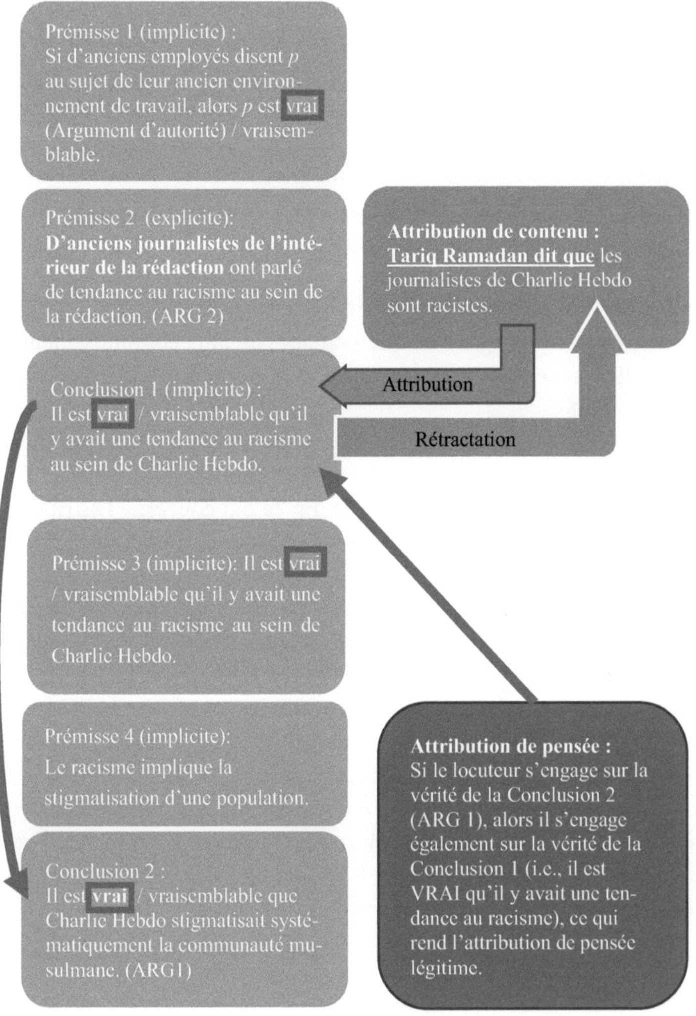

Figure 6. Attribution de contenu et attribution de pensées au locuteur.

Sur la base de ce qui précède, il est possible de distinguer plus clairement l'attribution d'un contenu de l'attribution d'une pensée : l'attribution d'un contenu concerne l'identification de l'intention communicative du locuteur. Dans la section précédente, nous avons vu qu'une attribution peut se situer aussi bien au niveau de ce qui est explicitement encodé par la phrase qu'au niveau implicite de la communication. Toutefois, nous entendons par « implicite » uniquement les implicatures fortes, faisant véritablement partie du propos intentionné par le locuteur. De ce fait, l'attribution d'un contenu revient à souligner le vouloir-dire du locuteur, dans la perspective du destinataire. L'attribution sera plus ou moins plausible en fonction de son degré de pertinence (*cf.* § 4.1.1.).

En ce qui concerne l'attribution d'une pensée au locuteur, elle désigne les croyances sous-jacentes aux propos avancés. Autrement dit, elle désigne les croyances d'arrière-plan devant être tenues pour vraies afin de justifier la pertinence du propos intentionné. Cela évoque, bien entendu, la catégorie des présuppositions discursives discutées dans le Chapitre 3 (*cf.* § 3.3.3). Toutefois, cela peut également désigner ce que l'on appelle plus communément les prémisses implicites, servant à la dérivation d'une implicature (*cf.* Mazzarella & Domaneschi 2018).

En somme, ce qui réunit l'attribution d'engagements au locuteur dans un contenu ou une pensée est le principe de pertinence, tel que défini par Sperber et Wilson (*cf.* § 3.1., Tableau 9 et 10). En ce qui concerne l'attribution d'un contenu, le locuteur s'engage dans celui qui présente le meilleur rapport entre les coûts et les efforts cognitifs. Quant à l'attribution d'une pensée, elle contribue à la pertinence en permettant au locuteur de diminuer les coûts de traitement de l'énoncé (*cf.* Tableau 16 ci-dessous). L'attribution de pensée ou d'informations d'arrière-plan joue un rôle crucial dans la perception d'acceptabilité et de cohérence d'un contenu verbal. Par exemple, comme nous l'avons vu avec les présuppositions discursives, un signal d'interdiction du port d'armes dans une certaine zone serait absurde si elles n'étaient de toute façon pas autorisées ailleurs (*cf.* § 3.3.3. exemple (51)). Il en va de même pour l'exemple avec Tariq Ramadan, où il serait surprenant qu'il cite d'anciens journalistes ayant parlé d'une tendance au racisme à *Charlie Hebdo* pour renforcer son argumentation, s'il n'était pas d'accord avec ce propos.

Tableau 16. Distinction entre l'attribution au locuteur d'engagements sur un contenu ou sur une pensée.

	Attribution d' un contenu	**Attribution d'une pensée**
En fonction de …	La pertinence : rapport optimal entre efforts et effets cognitifs	La présomption de pertinence de l'énoncé : informations d'arrière-plan contribuant à rendre l'énoncé plus plausible ou acceptable.

Il convient de relever que Schumann et al. (2019 : 4) proposent une autre distinction relative aux cibles potentielles du sophisme de l'épouvantail, entre le « point de vue » et « l'argument » de l'adversaire. Le point de vue de l'adversaire correspond à l'affirmation que le locuteur cherche à faire accepter au destinataire, et l'argument correspond aux propositions présentées dans le but de faire accepter le point de vue. Ainsi, dans l'exemple cité plus haut, Schumann et al. distingueraient le point de vue de Tariq Ramadan (*Charlie Hebdo pratique un humour de lâche*) des arguments qu'il utilise pour soutenir son point de vue (*i.e.*, « *Ils stigmatisaient systématiquement la population* » ARG1 ; « *[…] même d'anciens journalistes de Charlie Hebdo les qualifiaient de racistes* » ARG2). Selon leurs outils d'analyse, le sophisme de l'épouvantail déformerait soit le point de vue du locuteur, soit ses arguments.

Toutefois, dans l'exemple ci-dessus, la distinction proposée par Schumann et al. ne rend pas compte du type d'attribution en question. En effet, dans les deux sophismes de l'épouvantail potentiels, les journalistes ciblent uniquement l'argument de Tariq Ramadan (ARG2), mais avec une véritable distinction entre l'attribution d'un contenu et l'attribution d'une pensée (*cf.* (64), « *Alors vous le citez, « ils ont dit ça », mais c'est pas parce que vous le pensez !?* »). Dans l'attribution de contenu, le journaliste fait des allégations concernant l'intention communicative de Tariq Ramadan, alors que dans l'attribution d'une pensée, il désigne les croyances préalables étant nécessaires à la pertinence du contenu communiqué par ce dernier. Pour ces raisons, les distinctions proposées par Schumann et al. (2019) ne sont pas retenues ici, car les notions de « point de vue » et d'« argument » du locuteur ne s'appliquent pas dans le processus d'*attribution de pensée* au locuteur. En effet, les « arguments » du locuteur peuvent eux-mêmes faire l'objet d'une attribution de pensée, ce qui peut parfois entraîner une confusion entre les « arguments » et le « point de vue » du locuteur.

En guise de récapitulation, le Tableau 17 ci-dessous établit une distinction entre les deux niveaux d'attribution s'appliquant aux exemples analysés, à savoir l'attribution d'un contenu et l'attribution d'une pensée. Ainsi, dans la perspective proposée ici, il s'agira d'évaluer dans quelle mesure le sophisme de l'épouvantail procède en une distorsion du vouloir-dire du locuteur (attribution de contenu), ou en une distorsion des contenus qui présupposent un énoncé (attribution d'une pensée).

Tableau 17. Attribution d'un contenu *vs* attribution d'une pensée.

Type d'attribution	Cible	Contenus visés
Attribution d'un contenu	Vouloir-dire du locuteur	Contenu littéral ; explicatures ; implicatures fortes.
Attribution d'une pensée	Croyances sous-jacentes aux propos communiqués.	Présuppositions discursives ; prémisses implicitées.

En conclusion, cette section a montré que le destinataire ne se contente pas d'attribuer un contenu au locuteur. Il construit également des hypothèses sur les pensées que le locuteur doit tenir pour vraies pour que ses énoncés soient pertinents. L'exemple analysé révèle, une fois de plus, l'importance des outils de la pragmatique cognitive pour évaluer l'attribution d'engagements au locuteur (plausible *vs* implausible) et, par conséquent, ses possibilités de rétractation. Dans une perspective gricéenne, l'attribution de contenu et de pensée faites à Tariq Ramadan seraient parfaitement rétractables, dans la mesure où elles désignent une citation partielle du locuteur et touchent à des contenus très implicites (implicatures faibles, relatives à l'arrière-plan conversationnel). Cependant, une approche post-gricéenne implique de toutes autres prédictions, où l'engagement du locuteur va de pair avec les processus d'attribution de pertinence. Dans notre exemple, l'attribution de pensée faite au locuteur révèle des éléments essentiels à la force des arguments présentés par le locuteur. La pensée attribuée apparaît donc comme étant plausible et difficilement rétractable pour le locuteur.

En somme, l'attribution d'engagements ne se limite pas au contenu du locuteur, mais concerne également ses pensées. La possibilité de rétractation du locuteur relève donc davantage d'un principe cognitif de pertinence que de la frontière entre contenu explicite et implicite.

4.3. Conclusion

Ce chapitre a présenté les mécanismes dédiés à l'attribution d'engagements au locuteur, dans la perspective du destinataire. Nous avons vu que, selon approches post-gricéenes, l'engagement du locuteur est indiscociable des processus de compréhension verbale : plus un contenu est pertinent, plus le locuteur sera tenu pour responsable de les avoir communiqués (Saussure & Oswald 2009). Ainsi, le locuteur ne s'engage pas uniquement dans ce qu'il communique littéralement ou explicitement, mais également dans les contenus implicites (*i.e.*, implicatures et présuppositions discursives).

De plus, l'attribution d'engagements au locuteur est étroitement liée au degré de vigilance épistémique du destinataire (Sperber et al. 2010) : de manière générale, plus le locuteur apparaît comme bienveillant, plus le destinataire accordera à ce dernier une certaine marge de manœuvre pour négocier son engagement vis-à-vis d'un contenu. Il en est de même pour la compétence du locuteur, qui modulera l'attribution d'engagements au locuteur.

Nous avons souligné l'importance des processus d'attribution d'engagements au locuteur dans une perspective évolutive. Pour le destinataire, l'engagement du locuteur équivaut à une prise de responsabilité vis-à-vis d'une information communiquée, permettant de contrebalancer les risques de manipulation inhérents à la communication verbale : si le locuteur induit le destinataire en erreur, il souffrira alors de conséquences réputationnelles. Ainsi, les processus d'attribution d'engagements au locuteur constituent un critère essentiel pour la stabilisation de la communication verbale au sein de l'espèce. Nous avons également souligné que les processus d'engagement du locuteur n'ont pas seulement permis de stabiliser la communication explicite, mais également la communication implicite : en effet, si les messages implicites n'offraient aucune garantie informative, ces derniers ne pourraient même pas être exploités à des fins de manipulation. Dès lors, il semble problématique de soutenir que la communication implicite est fondamentalement inefficace comme outil de transmission d'information.

Ainsi, les approches post-gricéennes présentent une vision très différente des approches gricéennes quant au potentiel de manipulation de la communication implicite : dans la perspective gricéenne, les contenus implicites sont fondamentalement des outils permettant la rétractation plausibles d'un contenu ou d'une intention de communication, alors que dans la perspective post-gricéenne, les contenus implicites remplissent une fonction communicative, avec une garantie de la fiabilité de l'information, marquée par l'engagement du locuteur.

Les approches post-gricéennes se sont avérées être particulièrement bénéfiques lorsqu'il s'agissait de fournir des critères pour peser la plausibilité de l'attribution d'engagements au locuteur. Pour rappel, ces éléments manquaient dans l'approche de Pinker et collègues, qui ne fournissaient aucun critère pour distinguer les rétractations possibles des rétractation plausibles. Ainsi, lorsque deux implicatures se font concurrence, la plus plausible est celle qui présente le meilleur rapport entre coûts et effets cognitifs (Oswald 2016). L'évaluation du degré de plausibilité d'une implicature permet d'émettre des prédictions relatives aux possibilités de rétractation d'un contenu (ou d'une intention de communication) par un locuteur.

Enfin, nous avons présenté une analyse du sophisme de l'épouvantail, qui se trouve être le mouvement inverse d'une tentative de rétractation plausible. Ce sophisme consiste en une attribution intentionellement faussée des engagements du locuteur, dans le but d'attaquer ou de décrédibiliser le propos initial. L'analyse de ce sophisme a permis de montrer que l'attribution d'engagements va aisément au-delà des contenus explicites, mettant le locuteur dans une certaine difficulté à fournir la preuve dans son intention véritable. Nous avons présenté un premier exemple impliquant l'attribution d'engagements dans un contenu ironique et un deuxième exemple impliquant l'attribution d'engagements dans une présupposition discursive. Essentiellement, les outils provenant des approches post-gricéennes ont permis d'identifier des sophismes de l'épouvantail qui seraient restés inaperçus dans une approche gricéenne.

À la lumière des analyses présentées, il semble raisonnable de conclure que la possibilité de nier plausiblement un contenu verbal (ou une intention de communication) est davantage liée au degré de pertinence du contenu qu'à la catégorie linguistique auquel il appartient. Ces considérations offrent de nouvelles perspectives concernant la validité de la prémisse d', provenant des approches manipulatrices de la communication implicite :

> d'. La possibilité d'annuler un *contenu linguistique* diminue significativement les risques d'être puni en cas de manipulation.

Selon une approche post-gricéenne, la prémisse d' n'est valable que lorsque le destinataire ne partage pas le même environnement cognitif que le locuteur. Autrement dit, comme cela est suggéré par Pinker et collègues (2008), seule une « audience virtuelle » permettrait une rétractation plausible d'un contenu implicite. Mais lorsque le locuteur et son destinataire partagent le même environnement cognitif, la possibilité d'annuler un contenu implicite n'est pas suffisante pour rendre l'annulation plausible.

Conclusion générale

Dans cet ouvrage, nous avons présenté deux visions différentes de la rétractation du locuteur, celle issue des traditions gricéennes de la communication verbale, et celle issue de la pragmatique cognitive de Sperber et Wilson. Dans une approche gricéenne, la possibilité de se rétracter de contenus implicites équivaut à la propriété formelle d'annulabilité des implicatures conversationnelles de Grice. À cela, Reboul (2011, 2017) ajoute une nuance : la rétractation porterait sur l'*intention* de manipulation plutôt que sur le contenu lui-même, permettant ainsi d'inclure les présuppositions comme outil de manipulation implicite.

Dans une approche post-gricéenne, la rétractation du locuteur se rattache davantage à la pertinence du contenu communiqué qu'au type de contenu. Nous avons vu notamment que la théorie de la Pertinence aborde la frontière entre l'explicite et l'implicite d'une manière plus fine que chez Grice, remettant ainsi en perspective l'idée que seule les implicatures autorisent une annulation ou une rétractation. En somme, nous sommes passés d'une vision où le locuteur peut aisément se rétracter d'un contenu implicite pour manipuler autrui, à une vision presque opposée où le locuteur encourt le risque d'être tenu pour responsable d'avoir communiqué un contenu implicite, même lorsqu'il peut paraître implausible. C'est le cas, par exemple, du sophisme de l'épouvantail dans des contextes non-charitables. Ainsi, les approches gricéennes et post-gricéennes sont incompatibles en ce qui concerne la question de la rétractation du locuteur.

Les mécanismes permettant une rétractation du locuteur dans les contenus implicites apparaissent donc comme un phénomène complexe, comprenant des variables linguistiques (sémantiques et pragmatiques) et psychologiques (faisant intervenir des biais cognitifs dépassant le cadre du présent ouvrage). La pluralité des variables à considérer représente un défi considérable dans la mise en œuvre d'un modèle de prédiction comprenant les conditions exactes dans lesquelles un locuteur sera en mesure nier un contenu implicite. Toutefois, il nous est possible de mettre en évidence des tendances générales gouvernant les possibilités de rétractation du locuteur dans les contenus implicites. Sur la base des catégories issues de la pragmatique cognitive (*i.e.*, la théorie de la Pertinence et ses développements), nous proposons une distinction entre cinq types de contenus implicites et leurs degrés respectifs de rétractabilité, tenant compte de la vigilance du destinataire (vigilance neutre/basse *vs* vigilance élevée) :

Tableau 18. Plausibilité de la rétractation du locuteur, selon la perspective du destinataire.

	Rétractation du locuteur ; vigilance basse/neutre.	Rétractation du locuteur ; vigilance élevée.
Explicatures	-	-
Implicatures fortes	- > +	-
Implicatures faibles	+	- > +
Présuppositions sémantiques	-	-
Présuppositions discursives	- > +	-

Le symbole « - » (*moins*) signifie que la rétractation du contenu ne sera pas considérée comme plausible ; le symbole + (*plus*) signifie que la rétractation sera considérée comme plausible ; « ->+ » signifie que la rétractation du contenu sera plus fréquemment rejetée qu'acceptée.

Afin de rendre le tableau ci-dessus plus compréhensible, nous rappelons les exemples présentés à travers l'ouvrage ainsi que les conclusions proposées à leur sujet. Les conclusions sont formulées en termes de prédictions des possibilités de rétractation du locuteur. Chacun de ces exemples a fait l'objet de discussions détaillées à travers l'ouvrage :

Explicatures :

(38) A : Has Peter finished his homework ?
      B : Well, he has done ***some*** of the exercises.
      → Peter has not done all of his exercises.
      [A : Pierre a-t-il fini ses devoirs ?
      B : Eh bien, il a fait *certains* exercices.
      → *Pierre n'a pas fait tous les exercices.*]

Reboul, (2011, 2017), notre traduction.

(39) A : Do you know where Anne lives ?
      B : Somewhere in Burgundy, **I believe**.
      → B does not know exactly where Anne lives.
      [A : Sais-tu où Anne habite ?
      B : Quelque part en Bourgogne, j'imagine.
      → B ne sait pas exactement où Anne habite.]
      Reboul (2011, 2017), adapté de Grice (1975 : 51), *notre traduction.*

Dans la mesure où les explicatures correspondent à des développements d'un contenu sémantiquement encodé, elles sont de mauvais candidats pour autoriser une rétractation plausible du locuteur. Pour rappel, les exemples de manipulation proposés par Reboul impliquant des implicatures scalaires ne seraient pas considérés comme étant rétractables auprès d'une population adulte. Cependant, il est possible d'imaginer des contextes dans lesquels les explicatures sont plausiblement niables, pour autant que cela permette d'apporter des effets cognitifs. De manière générale, nous considérons que les explicatures ne sont pas rétractables (« - »), que ce soit dans des contextes charitables ou non-charitables.

Implicatures fortes :

> (60) Ramzy : On cite trop de gens. On peut pas parler normalement sans faire du *name-dropping* à tout va ?
> Zemmour : Excusez-moi d'avoir lu des livres.

Dans l'exemple (60), nous avons vu qu'il est très difficile pour Zemmour de nier le contenu communiqué, c'est-à-dire l'insinuation ironique/sarcastique que Ramzy n'a pas lu assez de livres pour être capable de faire du *name-dropping*. Etant donné que la pertinence de l'énoncé dépend de son caractère ironique (*i.e.*, il serait absurde de s'excuser sincèrement d'avoir lu des livres), le contenu apparaît comme étant impossible à rétracter de manière plausible.

En ce qui concerne l'exemple (40), faisant allusion à l'un des exemples de Pinker et collègues, il présentait une implicature forte, n'ayant pas vraiment d'autres implicatures concurrentes dans l'environnement cognitif du destinataire :

> (40) *Un homme disant au revoir à une femme, tard le soir après un rencard.*
> La femme : Tu veux venir chez moi boire un café?
> L'homme : Oh, non merci ! Je ne bois pas de café tard le soir, ça m'empêche de dormir !

Cet échange comprend une dimention humoristique, car la réponse du destinataire révèle son incapacité à comprendre un contenu saillant : en effet, la seule implicature qui semble être plausible dans ce contexte est une invitation à passer la nuit chez la locutrice. Nous sommes arrivés à la conclusion que les implicatures fortes sont des contenus non-rétractables dans des contextes non-charitables (« - »), avec de potentielles exceptions dans des contextes charitables (« - > + »).

Implicatures faibles :

Le implicatures faibles étaient illustrées par une métaphore poétique, « Juliette est le soleil » (§ 3.3.1). Dans un contexte charitable, une implicature faible est certainement le meilleur candidat permettant une rétractation plausible du locuteur (« + »). En effet, l'interprétation de cet énoncé implique une pluralité de possibilités : cela peut signifier que Juliette rend l'univers plus chaleureux, qu'elle est la source d'inspiration de Roméo, qu'elle est sa raison de se lever chaque jour, *etc*.

En outre, nous avons souligné qu'il est difficile d'attribuer au locuteur un engagement dans un contenu spécifique, dans la mesure où l'implicature faible rivalise avec une multitude d'interprétations possibles, sans pour autant que le locuteur doive choisir une seule d'entre elles. Ainsi, la pluralité d'interprétations possibles offre au locuteur une plus grande aisance de rétractation d'un contenu spécifique.

Présuppositions sémantiques :

Les présuppositions sémantiques ne sont pas des contenus rétractables, car elles correspondent à des préconditions pour l'attribution d'une valeur de vérité de la phrase. Cependant, dans la perspective de Reboul, (2017), les présuppositions sémantiques autoriseraient la rétractation d'une *intention* de manipulation. Or, nous avons souligné que les études empiriques sur le sujet suggèrent le contraire, à savoir qu'un mensonge produit par le biais d'une présupposition implique des punitions comparables à celles impliquées dans un mensonge asserté (*cf.* Mazzarella et al. 2018). L'exemple de manipulation à travers la présupposition était le suivant :

> (53) A : J'ai décidé de donner le poste […] à John.
> B : C'est un excellent choix, surtout maintenant qu'il a cessé de boire.
> Présupposition sémantique : John buvait [ou était un alcoolique].
> Reboul (2011, 2017), *notre traduction*

Dans notre analyse, nous avons distingué deux contextes possibles : dans le premier, le destinataire est au courant du passé alcoolique de John, signifiant qu'il n'y a pas de réelle manipulation en jeu. Et dans le second, le locuteur n'est pas au courant du passé alcoolique de John. Dans ce dernier contexte, le contenu présupposé est trop pertinent pour qu'il ne soit pas défié par le destinataire, dévoilant ainsi les manœuvres trompeuses du locuteur.

Ainsi, nous considérons les présuppositions sémantiques comme étant non-rétractables, tant sur le plan du contenu que sur le plan de l'intention de manipulation (« - »), que ce soit dans les contextes charitables et non-charitables.

Présuppositions discursives :

Les présuppositions discursives correspondent à des implicatures faibles servant de précondition à la pertinence d'un énoncé. Dans la mesure où elles coexistent avec plusieurs autres implicatures possibles, (*cf.* (51a)-(51c)), les présuppositions discursives semblent être de bons candidats pour une rétractation plausible du locuteur, à l'instar des implicatures faibles :

(51)   Les armes à feu ne sont pas permises dans ce secteur.
(51a) Les armes à feu pourraient être permises dans ce secteur.
(51b) Les armes à feu sont probablement permises dans d'autres secteurs.
(51c) Les armes à feu sont indésirables / dangereuses/… si elles sont portées dans ce secteur.

De Saussure (2013 : 179), *notre traduction.*

Cependant, étant donné qu'elles participent à la pertinence de l'énoncé, voire à son acceptation, elles sont plus difficiles à nier que de simples implicatures faibles. Pour cette raison, nous faisons l'hypothèse que les présuppositions discursives sont difficiles à rétracter, que ce soit dans des contextes charitables (« ->+ ») ou peu charitables (« - »).

Afin d'illustrer la non-rétractabilité des présuppositions discursives, nous avons présenté une analyse détaillée de l'exemple (53). Nous avons vu que l'énoncé du locuteur B constitue un sophisme de l'épouvantail, particulièrement évident lorsque l'on en révèle les présuppositions discursives (*cf.* (53a)-(53b)) :

(53)   A : J'ai décidé de donner le poste […] à John.
       B : C'est un excellent choix, surtout maintenant qu'il a cessé de boire.
(53a) ? Le fait d'arrêter la consommation abusive d'alcool est un excellent atout pour être nommé(e) à un poste. (présupposition discursive)
(53b) ? Une personne ayant eu des problèmes d'alcoolisme n'est aucunement susceptible de retomber dans l'alcoolisme. (présupposition discursive)

Dans cet exemple, les présuppositions discursives sont manifestement ironiques, car elles participent à ridiculiser le locuteur initial dans les raisons ayant motivé son choix. Dans la mesure où la pertinence de l'énoncé repose sur les présuppositions discursives, une rétractation plausible semble difficile.

La question de la rétractation des présuppositions discursives est également apparue dans l'analyse du sophisme de l'épouvantail impliquant Tariq Ramadan (64). Cet exemple nous a permis de distinguer l'attribution d'un contenu implausible, ciblant l'intention communicative du locuteur, de l'attribution d'une pensée, visant les préconditions de pertinence de l'énoncé :

(64)   **Tariq Ramadan :** […] Je ne suis pas le seul à penser cela, Monsieur. Ce n'est pas ma pensée. **Il y a même des gens qui étaient des journalistes de *Charlie Hebdo* qui sont partis en disant qu'il y avait une tendance au racisme dans cette rédaction [ARG2].** […]

> **Journaliste B :** Non mais, ça, ça arrive dans toutes les rédactions. **Vous ne pouvez pas en tirer comme conclusion qu'ils sont racistes** […] ! (*Attribution de contenu*)
>
> […]
>
> **Journaliste A :** Mais **vous le pensez ou pas** !? Alors vous le citez, « ils ont dit ça », mais c'est pas parce que vous le pensez !? Mais vous êtes pas clair quand même ! (*Attribution de pensée*)

Dans la première intervention (journaliste B), l'attribution du contenu est parfaitement qualifiable de sophisme de l'épouvantail, car il s'agit d'une citation partielle dans un but de décrédibilisation du locuteur. Toutefois, lorsque le journaliste A pose la question des raisons motivant l'énoncé de Tariq Ramadan, il révèle à l'audience les présuppositions discursives étant nécessaires à l'argument présenté. Autrement dit, si Tariq Ramadan se réfère aux propos d'anciens journalistes pour soutenir son argument, il est très probable qu'il s'engage également sur la vérité des propos qu'il relate. Ainsi, nous considérons que les présuppositions discursives sont difficilement rétractables (« - > + »), voire impossibles à rétracter dans les contextes non-charitables.

En somme, si l'on considère le tableau dans son ensemble, la vigilance épistémique du destinataire apparaît comme étant décisive pour permettre au locuteur de se rétracter d'un contenu ou d'une intention de communication. Dans les contextes hostiles, le destinataire aura tendance à attribuer de la pertinence à des contenus beaucoup moins saillants, telles que les implicatures faibles.

En guise de conclusion, il convient de souligner les limites des prédictions susmentionnées : malgré la tentative de résumer en un seul tableau les possibilités de rétractation du locuteur, ce phénomène demeure complexe, étant donné qu'il touche à des variables linguistiques, sociologiques et psychologiques, difficiles à énumérer de manière exhaustive. Il convient donc d'être prudent à l'égard des prédictions proposées. Enfin, il va sans dire que nos hypothèses et prédictions gagneraient à être testées expérimentalement.

Bibliographie

Abbott, B. (2006). Where have some of the presuppositions gone. *Drawing the boundaries of meaning : Neo-Gricean studies in pragmatics and semantics in honor of Laurence R. Horn, 80*, 1-20.

Allott, N. (2013). Relevance theory. In Piparo, F. L., et Carapezza, M. (Eds), *Perspectives on Linguistic Pragmatics*. Springer International Publishing, pp. 57-98.

Altay, S., Majima, Y., & Mercier, H. (2020). Happy Thoughts : The Role of Communion in Accepting and Sharing Misbeliefs.

Bach, K. (1999). The myth of conventional implicature. *Linguistics and philosophy, 22*(4), 327-366.

Barkow, J. H., Cosmides, L. et Tooby, J. (Eds). (1995). *The adapted mind : Evolutionary psychology and the generation of culture*. Oxford University Press, pp. 3-5.

Berwick, R. C., et Chomsky, N. (2016). *Why only us : Language and evolution*. MIT press.

Bezuidenhout, A. (2004). Procedural meaning and the semantics/pragmatics interface. *The semantics/pragmatics distinction*, p. 101-131.

Blakemore, D. (1987). *Semantic constraints on relevance*. Oxford : Blackwell.

Blome-Tillmann, M. (2013). Conversational implicatures (and how to spot them). *Philosophy Compass, 8*(2), pp. 170-185.

Bolhuis, J. J., Tattersall, I., Chomsky, N., et Berwick, R. C. (2014). How could language have evolved ?. *PLoS biology, 12*(8), e1001934.

Boulat, K., & Maillat, D. (2017). She said you said I saw it with my own eyes : a pragmatic account of commitment. *Formal Models in the Study of Language : Applications in Interdisciplinary Contexts*, 261-279.

Bredart, S., & Modolo, K. (1988). Moses strikes again : Focalization effect on a semantic illusion. *Acta psychologica, 67*(2), 135-144.

Brown, P., et Levinson, S. C. (1987). *Politeness : Some universals in language usage* (Vol. 4). Cambridge : Cambridge university press.

Carston, R. (1999). Negation,'presupposition' and metarepresentation : a response to Noel Burton-Roberts. *Journal of Linguistics, 35*(02), pp. 365-389.

Carston, R. (2000). *Explicature and semantics* (Vol. 12, No. 1, pp. 44-90). UCL Working Papers in Linguistics.

CARSTON, R. (2002). *Thoughts and utterances : The pragmatics of explicit communication*. Oxford, Blackwell.

CARSTON, R. (2009). The explicit/implicit distinction in pragmatics and the limits of explicit communication. *International Review of Pragmatics, 1*(1), pp. 35-62.

CHOMSKY, N. (1957/2002). *Syntactic structures*. Walter de Gruyter.

CLARK, H. H. (1996). *Using language*. Cambridge University Press.

DE NEYS, W. et SCHAEKEN, W. (2007). When people are more logical under cognitive load : Dual task impact on scalar implicature. *Experimental psychology, 54*(2), pp. 128-133.

DENNETT, D. C. (1983). Intentional systems in cognitive ethology : The "Panglossian paradigm" defended. *Behavioral and Brain Sciences, 6*(03), pp. 343-355.

DOMANESCHI, F., ET DI PAOLA, S. (2018). The processing costs of presupposition accommodation. *Journal of psycholinguistic research, 47*(3), 483-503.

DUCHENNE DE BOULOGNE, G. (1876). *Mécanismes de la physionomie humaine ou analyse electrophysiologique de l'expression des passions*. Paris : Editions Baillère.

DUCROT, OSWALD (1980), Analyses pragmatiques *Communications*, 32 (Les actes de discours), 11–60.

DUCROT, O. (1984). *Le dire et le dit*. Paris. Editions de Minuit.

EASLEY, D. et KLEINBERG, J. (2010). *Networks, crowds, and markets : Reasoning about a highly connected world*. Cambridge University Press, pp. 189-199.

ERICKSON, T. D., & MATTSON, M. E. (1981). From words to meaning : A semantic illusion. *Journal of Verbal Learning and Verbal Behavior, 20*(5), 540-551.

FITCH, W. T. 2010. *The Evolution of Language*. Cambridge/New York : Cambridge University Press.

FODOR, J. A. (1983). *The modularity of mind : An essay on faculty psychology*. MIT press.

FONSECA-AZEVEDO, K., ET HERCULANO-HOUZEL, S. (2012). Metabolic constraint imposes tradeoff between body size and number of brain neurons in human evolution. *Proceedings of the National Academy of Sciences, 109*(45), 18571-18576.

GIGERENZER, G. (2008). Why heuristics work. *Perspectives on psychological science, 3*(1), pp. 20-29.

GOFFMAN, E. (1982). *Interaction ritual : Essays in face to face behavior*. New York : Pantheon Books.

Gould, S. J., et Vrba, E. S. (1982). Exaptation—a missing term in the science of form. *Paleobiology, 8*(1), 4-15.

Grice, H. P. (1957). *Meaning.* The philosophical review : pp. 377-388.

Grice, H. P. (1967). William James Lectures. *Harvard University,* 0041-58.

Grice, H. P. (1968). Utterer's meaning, sentence-meaning, and word-meaning. *Foundations of language,* 225-242.

Grice, H. P. (1969). *Utterer's meaning and intention.* The philosophical review : pp. 147-177.

Grice, H. P. (1975). Logic and Conversation. In Cole, P. et Morgan, J. (Eds). *Syntax and semantics 3 : Speech acts,* pp. 41-58.

Grice, H. P. (1978). *Further Notes on Logic and Conversation.* In Cole, P., *Syntax and semantics,* Vol. 9 : Pragmatics. New York/San Francisco/London, pp. 113-127.

Grice, H. P. (1982). Meaning revisited. *Mutual knowledge, 80,* 427-447.

Grice, H. P. (1989). *Studies in the Way of Words.* Harvard University Press.

Grice, H. P., et White, A. R. (1961). Symposium : The causal theory of perception. *Proceedings of the Aristotelian Society, Supplementary Volumes, 35,* 121-168.

Hamblin, C. L. (1970). Fallacies. *Tijdschrift Voor Filosofie, 33*(1).

Harris, P. L., Koenig, M. A., Corriveau, K. H., & Jaswal, V. K. (2018). Cognitive foundations of learning from testimony. *Annual Review of Psychology, 69,* 251-273.

Hasson, U., Simmons, J. P. et Todorov, A. (2005). Believe It or Not On the Possibility of Suspending Belief. *Psychological Science, 16*(7), pp. 566-571.

Hauser, M. D. (1996). *The Evolution of Communication.* Cambridge, MA: The MIT Press.

Hauser, M. D., Yang, C., Berwick, R. C., Tattersall, I., Ryan, M. J., Watumull, J., Chomsky, N. et Lewontin, R. C. (2014). The mystery of language evolution. *Frontiers in psychology, 5.*

Hockett, C. F. (1963). The problem of universals in language. Universals of language. 2. MIT Press, Cambridge, Mass.

Horn, L. (2004). Implicature. In : Horn, L. and Ward, G. (eds.), 3-28.

Jodłowiec, M. (2015). *The challenges of explicit and implicit communication : A relevance-theoretic approach.* Frankfurt am Main : Peter Lang.

Kahneman, D. (2012). *Système 1/Système 2 : Les deux vitesses de la pensée.* Flammarion.

Krebs J. R. et Dawkins R. (1984) Animal signals : Mind-reading and manipulation ? In : *Behavioural ecology : An evolutionary approach*, 2nd ed., ed. Krebs J. R. et Davies N. B., pp. 390–402. Basil Blackwell.

Landrum, A. R., Mills, C. M., & Johnston, A. M. (2013). When do children trust the expert ? Benevolence information influences children's trust more than expertise. *Developmental Science, 16*(4), 622-638.

Lee, J. J., et Pinker, S. (2010). Rationales for indirect speech : the theory of the strategic speaker. *Psychological review, 117*(3), 785.

Lepore, E., & Stone, M. (2015). The Poetic Imagination. In *The Routledge companion to philosophy of literature*. Routledge, pp. 323-333.

Levinson, S. C. (2000). *Presumptive meanings : The theory of generalized conversational implicature*. Cambridge, MA: MIT press.

Lewiński, M. et Oswald, S. (2013). When and how do we deal with straw men ? A normative and cognitive pragmatic account. *Journal of Pragmatics, 59*, pp. 164-177.

Lombardi Vallauri, E.. (2016). 'The "Exaptation" of Linguistic Implicit Strategies'. *SpringerPlus* 5 (1): 1106.

Lombardi Vallauri, Edoardo, and Viviana Masia. 2018. 'Facilitating Automation in Sentence Processing : The Emergence of Topic and Presupposition in Human Communication'. *Topoi* 37 (2): 343–354.

Longrich, N. R., Vinther, J., Meng, Q., Li, Q., et Russell, A. P. (2012). Primitive wing feather arrangement in Archaeopteryx lithographica and Anchiornis huxleyi. *Current Biology, 22*(23), 2262-2267.

Macagno, F., & Walton, D. (2017). *Interpreting straw man argumentation : The pragmatics of quotation and reporting* (Vol. 14). Springer.

Malcolm, S. B. (1990). Mimicry : status of a classical evolutionary paradigm. *Trends in Ecology et Evolution, 5*(2), 57-62.

Mascaro, O. et Sperber, D. (2009). The moral, epistemic, and mindreading components of children's vigilance towards deception. *Cognition* 112(3), pp. 367-380.

Maillat, D. et Oswald, S. (2011). Constraining context. In Hart, C. (Ed.), *Critical discourse studies in context and cognition*. Amsterdam/Philadelphia : John Benjamins, pp. 65-80.

Masia, V., Canal, P., Ricci, I., Vallauri, E. L., & Bambini, V. (2017). Presupposition of new information as a pragmatic garden path : Evidence from Event-Related Brain Potentials. *Journal of Neurolinguistics, 42*, 31-48.

Mazzarella, D., & Domaneschi, F. (2018). Presuppositional effects and ostensive-inferential communication. *Journal of Pragmatics, 138*, 17-29.

Mazzarella, D., Reinecke, R., Noveck, I. & Mercier H. (2018) Saying, presupposing and implicating : How pragmatics modulates commitment. *Journal of Pragmatics*, vol. 133, p. 15-27.

Mercier, H. et Sperber, D. (2011). Why do humans reason ? Arguments for an argumentative theory. *Behavioral and brain sciences*, *34*(02), pp. 57-74.

Mercier, H., et Sperber, D. (2017). *The enigma of reason*. Harvard University Press.

Mérő, L. (1998). The Prisoner's Dilemma. In *Moral Calculations* (pp. 28-47). New York : Springer.

Moeschler, J. (2010). Négation, portée et distinction négation descriptive/métalinguistique. In François, J., Larrivée, P., Legallois D. et Neveu F. (éds), *La Linguistique de la contradiction*. Berne : Peter Lang, pp. 163-179.

Moeschler, J., & Auchlin, A. (2009). *Introduction à la linguistique contemporaine*. Armand Colin.

Morency, P., Oswald, S., & De Saussure, L. (2008). Explicitness, implicitness and commitment attribution : A cognitive pragmatic approach. *Belgian journal of linguistics*, *22*(1), 197-219.

Müller, M. L. (2018). Accommodation : a cognitive heuristic for background information. *Anglophonia. French Journal of English Linguistics*, (25).

Müller, M. L. (2020). Non-propositional meanings and commitment attribution : More arguments in favor of a cognitive approach. *Journal of Argumentation in Context*, *9*(1), 148-166.

Neale, S. (1992). Paul Grice and the philosophy of language. *Linguistics and philosophy*, *15*(5), 509-559.

Noveck, I. A. (2001). When children are more logical than adults : Experimental investigations of scalar implicature. *Cognition*, *78*(2), pp. 165-188.

Oswald, S. (2010). *Pragmatics of uncooperative and manipulative communication*. Neuchatel University (thesis), pp. 1-60.

Oswald, S. (2016). Commitment attribution and the reconstruction of arguments. The psychology of argument. *Cognitive approaches to argumentation and persuasion*, 17-32.

Oswald, S. et Lewiński, M. (2014). Pragmatics, cognitive heuristics and the straw man fallacy. In Herman, T. et Oswald S. (éds), *Rhétorique et cognition : perspectives théoriques et stratégies persuasives/Rhetoric et Cognition theoretical perspectives and persuasive strategies*. Berne : Peter Lang, pp. 313-343.

Okasha, S. (2008). Biological altruism. *Stanford Encyclopedia of Philosophy*.

ONISHI, K. H., & BAILLARGEON, R. (2005). Do 15-month-old infants understand false beliefs ?. *science*, 308(5719), 255-258.

PINKER, S. (1999). *L'instinct du langage*. Odile Jacob.

PINKER, S. (2007). The evolutionary social psychology of off-record indirect speech acts. *Intercultural pragmatics*, 4(4), 437-461.

PINKER, S., NOWAK, M. A. et LEE, J. J. (2008). The logic of indirect speech. *Proceedings of the National Academy of Sciences* 105(3), pp. 833-838.

REBOUL, A. (2007). Does the Gricean distinction between natural and non-natural meaning exhaustively account for all instances of communication ? *Pragmatics et Cognition* 15(2), pp. 253-276.

REBOUL, A. (2011). A relevance-theoretic account of the evolution of implicit communication. *Studies in Pragmatics*, 13, pp. 1-19.

REBOUL, A. (2017). A mildly Machiavellian view of communication and Argumentative Theory of Reasoning (Chapter 4). In A. Reboul (2017). *Cognition and communication in the evolution of language*. Oxford University Press.

RÉCANATI, F. (2004). *Literal meaning*. Cambridge University Press.

SAUSSURE, L. De. (2013). Background relevance. *Journal of Pragmatics*, *59*, pp. 178-189.

SAUSSURE, L. De. (2014). Présuppositions discursives, assertion d'arrière-plan et persuasion. In Herman, T. et Oswald S. (éds), *Rhétorique et cognition : perspectives théoriques et stratégies persuasives/Rhetoric et Cognition theoretical perspectives and persuasive strategies*. Berne : Peter Lang, pp. 279–311.

SAUSSURE, L. De. (2016). Des présuppositions stricto sensu aux présuppositions discursives. In Biglari, A. et Bonhomme, M. (éds), *La présupposition entre théorisation et mise en discours* Paris : Classiques Garnier.

SAUSSURE, L. DE. (2018). "The straw man fallacy as a prestige-gaining device." In *Argumentation and Language. Linguistic, Cognitive and Discursive Explorations*, ed. by Steve Oswald, Thierry Herman, J.r.me Jacquin, 171–190. Cham : Springer. https://doi.org/10.1007/978-3-319-73972-4_8

SAUSSURE, L. De. et OSWALD, S. (2009). Argumentation et engagement du locuteur : pour un point de vue subjectiviste. *Nouveaux cahiers de linguistique française*, *29*, pp. 215-243.

SAUSSURE, L., ET WHARTON, T. (2019). La notion de pertinence au défi des effets émotionnels. *Travaux interdisciplinaires sur la parole et le langage (TIPA)*, *35*(Emo-Langages), 1-23.

SCHWARZ, F. (2007). Processing presupposed content. *Journal of Semantics*, *24*(4), 373–416.

Schwarz, F. (2014). Presuppositions are fast, whether hard or soft-evidence from the visual world. *Semantics and Linguistic Theory* (Vol. 24, pp. 1-22).

Searle, J.R. (1965). What is a speech act ? In Max Black (ed.), *Philosophy in America* . Routledge, pp. 221-39.

Searle, J. R. (1969). *Speech acts : An essay in the philosophy of language* (Vol. 626). Cambridge university press.

Searle, J. R. (2007). Grice on Meaning : 50 years later. *Teorema, 26*, pp. 9-18.

Shannon, C. E., et Weaver, W. (1949). *The mathematical theory of information*. The University of Illinois Press.

Spelke E. (1994) Initial knowledge : six suggestions. *Cognition* 50(1):431–445.

Sperber, D. (1994). Understanding verbal understanding. In Khalfa, J. (Ed.). *What is Intelligence ?* Cambridge University Press, pp. 179-198.

Sperber, D. (2000). Metarepresentations in an evolutionary perspective. In Sperber, D. (Ed.) *Metarepresentations : A multidisciplinary perspective*. Vol. 10. Oxford University Press, pp. 117-137.

Sperber, D., Clément F., Heintz, C., Mascaro, O., Mercier, H., Origgi G. et Wilson D. (2010). Epistemic vigilance. *Mind et Language* 25(4), pp. 359-393.

Sperber, D. et Wilson, D. (1987). Précis of relevance : Communication and cognition. *Behavioral and brain sciences, 10*(04), pp. 697-710.

Sperber, D. et Wilson, D. (1990). Spontaneous deduction and mutual knowledge. *Behavioral and Brain Sciences, 13*(01), pp. 179-184.

Sperber, D. et Wilson, D. (1986/95). *Relevance : Communication and Cognition*. Oxford : Basil Blackwell.

Sperber, D. et Wilson, D. (2005) Pragmatics. In F. Jackson et M. Smith (eds.), *Oxford Handbook of Philosophy of Language*. Oxford University Press.

Sperber, D. et Wilson D. (2008). Relevance Theory. *The handbook of pragmatics* (Vol. 26). John Wiley et Sons, pp. 607-632.

Sperber, D., et Wilson, D. (2015). Beyond speaker's meaning. *Croatian Journal of Philosophy, 15*(2 (44)), 117-149.

Stalnaker, R. (1974). *Inquiry*, Cambridge : MIT Press.

Stalnaker, R. (1998). On the representation of context. *Journal of Logic, Language and Information, 7*(1), pp. 3-19.

Stalnaker, R. (2002). Common ground. *Linguistics and philosophy, 25*(5), pp. 701-721.

STURT, P., SANFORD, A. J., STEWART, A., & DAWYDIAK, E. (2004). Linguistic focus and good-enough representations : An application of the change-detection paradigm. *Psychonomic bulletin & review, 11*(5), 882-888.

SURIAN, L., CALDI, S., & SPERBER, D. (2007). Attribution of beliefs by 13-month-old infants. *Psychological science,* 18(7), 580-586.

TVERSKY, A., & KAHNEMAN, D. (1974). Judgment under Uncertainty : Heuristics and Biases : Biases in judgments reveal some heuristics of thinking under uncertainty. *Science,* 185(4157), 1124-1131.

VASSEUR, A. (2015). Tariq Ramadan tient-il un double discours sur Charlie Hebdo ? *Les Inrockuptibles.* Publié le 20 janvier 2015, consulté le 5 décembre 2021. URL: https://www.lesinrocks.com/actu/tariq-ramadan-tient-il-un-double-discours-sur-charlie-hebdo-102269-20-01-2015/

VULLIOUD, C., CLÉMENT, F., SCOTT-PHILLIPS, T., ET MERCIER, H. (2017). Confidence as an expression of commitment : Why misplaced expressions of confidence backfire. *Evolution and Human Behavior, 38*(1), 9-17.

VON FINTEL, K. (2000). *What is Presupposition Accommodation ?* MIT, Cambridge, http://web.mit.edu/fintel/fintel-2000-accomm.pdf

WALTON, D. N. (1988). Burden of proof. *Argumentation,* 2, 233-254.

WALTON, D. (1996). Plausible deniability and evasion of burden of proof. *Argumentation, 10*(1), 47-58.

WALTON, D. & KRABBE, E. (1995). *Commitment in dialogues. Basic concepts of interpersonal reasoning.* Albany, NY: SUNY Press.

WHARTON, T. (2002). Paul Grice, saying and meaning. *UCL Working Papers in Linguistics, 14,* 207-48.

WHARTON, T. (2009). *Pragmatics and non-verbal communication.* Cambridge University Press.

WHARTON, T. (2016). That bloody so-and-so has retired : expressives revisited. *Lingua, 175,* 20-35.

WILSON, D. (1975). *Presuppositions and non-truth-conditional semantics.* New York : Academic Press.

WILSON, D. (2003). Relevance and lexical pragmatics. *Italian Journal of Linguistics, 15,* pp. 273-292.

WILSON, D. (2011). The conceptual-procedural distinction : Past, present and future. *Procedural meaning : Problems and perspectives, 25,* 3-31.

WILSON (2012). Metarepresentation in linguistic communication. In Wilson, D. et Sperber, D. (Eds). *Meaning and relevance.* Cambridge University Press, pp. 230-258.

Wilson, D. (2013). Irony comprehension : A developmental perspective. *Journal of Pragmatics, 59*, 40-56.

WILSON, D. (2016). Reassessing the conceptual–procedural distinction. *Lingua*, vol. 175, p. 5-19.

Wilson, D. (2018). Relevance theory and literary interpretation. In Terence Cave and Deirdre Wilson (eds), *Reading Beyond the Code : Literature and Relevance Theory*, 185–204. Oxford : Oxford University Press.

Wilson, D., and Carston, R. (2019). Pragmatics and the challenge of 'non-propositional' effects. *Journal of Pragmatics*.

Wilson, D., et Sperber, D. (1979). Ordered entailments : An alternative to presuppositional theories. *Syntax and semantics, 11*, 299-323.

WILSON, D. et SPERBER, D. (1993). Pragmatique et temps. *Langages*, p. 8-25.

Wilson, D & Sperber, D. (2004). Relevance theory. *Handbook of Pragmatics. Oxford : Blackwell*, 607-632.

Wilson, D. et Sperber, D. (2012). *Meaning and relevance*. Cambridge University Press.

Wimmer, H., & Perner, J. (1983). Beliefs about beliefs : Representation and constraining function of wrong beliefs in young children's understanding of deception. *Cognition*, 13(1), 103-128.

Schumann, J., Zufferey, S., & Oswald, S. (2019). What makes a straw man acceptable ? Three experiments assessing linguistic factors. *Journal of pragmatics, 141*, 1-15

Sperber, D., et Wilson, D. (2005). Pragmatics. In Jackson, F., et Smith, M. (Eds.). (2005). *The Oxford handbook of contemporary philosophy*. Oxford University Press.

Sperber, D., & Wilson, D. (2015). Beyond speaker's meaning. *Croatian Journal of Philosophy, 15(2 (44))*, 117-149.

Zufferey, S. et Moeschler, J. (2012). *Initiation à l'étude du sens : sémantique et pragmatique*. Auxerre, Sciences humaines Editions

Favoriser la confrontation interdisciplinaire et internationale de toutes les formes
de recherches consacrées à la communication humaine, en publiant sans délai
des travaux scientifiques d'actualité: tel est le rôle de la collection Sciences pour la
communication. Elle se propose de réunir des études portant sur tous les langages,
naturels ou artificiels, et relevant de toutes les disciplines sémiologiques: lin-
guisti- que, psychologie ou sociologie du langage, sémiotiques diverses, logique,
traitement automatique, systèmes formels, etc. Ces textes s'adressent à tous ceux
qui voudront, à quelque titre que ce soit et où que ce soit, se tenir au courant des
développements les plus récents des sciences du langage.

Ouvrages parus

1. Alain Berrendonner – L'éternel grammairien · Etude du discours normatif, 1982 (épuisé)

2. Jacques Moeschler – Dire et contredire · Pragmatique de la négation et acte de réfutation dans la conversation, 1982 (épuisé)

3. C. Bertaux, J.-P. Desclés, D. Dubarle,Y. Gentilhomme, J.-B. Grize, I. Mel'čuk, P. Scheurer et R. Thom – Linguistique et mathématiques · Peut-on construire un discours cohérent en linguistique? · Table ronde organisée par l'ATALA, le Séminaire de philosophie et mathématiques de l'Ecole Normale Supérieure de Paris et le Centre de recherches sémiologiques de Neuchâtel (Neuchâtel, 29-31 mai 1980), 1982

4. Marie-Jeanne Borel, Jean-Blaise Grize et Denis Miéville – Essai de logique naturelle, 1983, 1992

5. P. Bange, A. Bannour, A. Berrendonner, O. Ducrot, J. Kohler-Chesny, G. Lüdi, Ch. Pe- relman, B. Py et E. Roulet – Logique, argumentation, conversation · Actes du Colloque de pragmatique (Fribourg, 1981), 1983

6. Alphonse Costadau: Traité des signes (tome I) – Edition établie, présentée et annotée par Odile Le Guern-Forel, 1983

7. AbdelmadjidAli Bouacha – Le discours universitaire · La rhétorique et ses pouvoirs, 1984

8. Maurice de Montmollin – L'intelligence de la tâche · Eléments d'ergonomie cognitive, 1984, 1986 (épuisé)

9. Jean-Blaise Grize (éd.) – Sémiologie du raisonnement · Textes de D. Apothéloz, M.-J. Borel, J.-B. Grize, D. Miéville, C. Péquegnat, 1984

10. Catherine Fuchs (éd.) – Aspects de l'ambiguïté et de la paraphrase dans les langues naturelles · Textes de G. Bès, G. Boulakia, N. Catach, F. François, J.-B. Grize, R. Martin, D. Slakta, 1985

11. E. Roulet, A. Auchlin, J. Moeschler, C. Rubattel et M. Schelling – L'articulation du discours en français contemporain, 1985, 1987, 1991 (épuisé)

12. Norbert Dupont – Linguistique du détachement en français, 1985

13. Yves Gentilhomme – Essai d'approche microsystémique · Théorie et pratique · Appli- cation dans le domaine des sciences du langage, 1985

14. Thomas Bearth – L'articulation du temps et de l'aspect dans le discours toura, 1986

15. Herman Parret – Prolégomènes à la théorie de l'énonciation · De Husserl à la pragma- tique, 1987

16. Marc Bonhomme – Linguistique de la métonymie · Préface de M. Le Guern, 1987 (épuisé)

17. Jacques Rouault – Linguistique automatique · Applications documentaires, 1987

18. Pierre Bange (éd.) – L'analyse des interactions verbales: «La dame de Caluire. Une con- sultation» · Actes du Colloque tenu à l'Université Lyon II (13-15 décembre 1985), 1987

19. Georges Kleiber – Du côté de la référence verbale · Les phrases habituelles, 1987

20. Marianne Kilani-Schoch – Introduction à la morphologie naturelle, 1988

21. Claudine Jacquenod – Contribution à une étude du concept de fiction, 1988

22. Jean-Claude Beacco – La rhétorique de l'historien · Une analyse linguistique du dis- cours, 1988

23. Bruno de Foucault – Les structures linguistiques de la genèse des jeux de mots, 1988

24. Inge Egner – Analyse conversationnelle de l'échange réparateur en wobé · Parler WEE de Côte d'Ivoire, 1988

25. Daniel Peraya – La communication scalène · Une analyse sociosémiotique de situations pédagogiques, 1989

26. Christian Rubattel (éd.) – Modèles du discours · Recherches actuelles en Suisse romande Actes des Rencontres de linguistique française (Crêt-Bérard, 1988), 1989

27. Emilio Gattico – Logica e psicologia · Studi piagettiani e postpiagettiani, 1989

28. Marie-José Reichler-Béguelin (éd.) – Perspectives méthodologiques et épistémologiques dans les sciences du langage · Actes du Colloque de Fribourg (11-12 mars 1988), 1989

29. Pierre Dupont – Eléments logico-sémantiques pour l'analyse de la proposition, 1990

30. Jacques Wittwer – L'analyse relationnelle · Une physique de la phrase écrite · Introduction à la psychosyntagmatique, 1990

31. Michel Chambreuil et Jean-Claude Pariente – Langue naturelle et logique · La séman- tique intentionnelle de Richard Montague, 1990

32. Alain Berrendonner et Herman Parret (éds) – L'interaction communicative, 1990 (épuisé)

33. Jacqueline Bideaud et Olivier Houdé – Cognition et développement · Boîte à outils théoriques · Préface de Jean-Blaise Grize, 1991 (épuisé)

34. Beat Münch – Les constructions référentielles dans les actualités télévisées · Essai de typologie discursive, 1992

35. Jacques Theureau – Le cours d'action · Analyse sémio-logique · Essai d'une anthropo- logie cognitive située, 1992 (épuisé)

36. Léonardo Pinsky (†) – Concevoir pour l'action et la communication · Essais d'ergonomie cognitive · Textes rassemblés par Jacques Theureau et collab., 1992

37. Jean-Paul Bernié – Raisonner pour résumer · Une approche systémique du texte, 1993

38. Antoine Auchlin – Faire, montrer, dire – Pragmatique comparée de l'énonciation en français et en chinois, 1993

39. Zlatka Guentcheva – Thématisation de l'objet en bulgare, 1993

40. Corinne Rossari – Les opérations de reformulation · Analyse du processus et des mar- ques dans une perspective contrastive français – italien, 1993, 1997

41. Sophie Moirand, Abdelmadjid Ali Bouacha, Jean-Claude Beacco et André Collinot (éds) – Parcours linguistiques de discours spécialisés · Colloque en Sorbonne les 23- 24-25 septembre 1992, 1994, 1995

42. Josiane Boutet – Construire le sens · Préface de Jean-Blaise Grize, 1994, 1997

43. Michel Goyens – Emergence et évolution du syntagme nominal en français, 1994

44. Daniel Duprey – L'universalité de «bien» · Linguistique et philosophie du langage, 1995

45. Chantal Rittaud-Hutinet – La phonopragmatique, 1995

46. Stéphane Robert (éd.) – Langage et sciences humaines: propos croisés · Actes du collo- que «Langues et langages» en hommage à Antoine Culioli (Ecole normale supérieure. Paris, 11 décembre 1992), 1995

47. Gisèle Holtzer – La page et le petit écran: culture et télévision · Le cas d'Apostrophes, 1996

48. Jean Wirtz – Métadiscours et déceptivité · Julien Torma vu par le Collège de 'Pataphy- sique, 1996

49. Vlad Alexandrescu – Le paradoxe chez Blaise Pascal · Préface de Oswald Ducrot, 1997

50. Michèle Grossen et Bernard Py (éds) – Pratiques sociales et médiations symboliques, 1997

51. Daniel Luzzati, Jean-Claude Beacco, Reza Mir-Samii, Michel Murat et Martial Vivet (éds) – Le Dialogique · Colloque international sur les formes philosophiques, linguis- tiques, littéraires, et cognitives du dialogue (Université du Maine, 15-16 septembre 1994), 1997

52. Denis Miéville et Alain Berrendonner (éds) – Logique, discours et pensée · Mélanges offerts à Jean-Blaise Grize, 1997, 1999

53. Claude Guimier (éd.) – La thématisation dans les langues · Actes du colloque de Caen, 9 -11 octobre 1997, 1999, 2000

54. Jean-Philippe Babin – Lexique mental et morphologie lexicale, 1998, 2000

55. Thérèse Jeanneret – La coénonciation en français · Approches discursive, conversation- nelle et syntaxique, 1999

56. Pierre Boudon – Le réseau du sens · Une approche monadologique pour la compréhension du discours, 1999 (épuisé)

58. Jacques Moeschler et Marie-José Béguelin (éds) – Référence temporelle et nominale. Actes du 3e cycle romand de Sciences du langage, Cluny (15–20 avril 1996), 2000

59. Henriette Gezundhajt – Adverbes en -ment et opérations énonciatives · Analyse lingui- stique et discursive, 2000

60. Christa Thomsen – Stratégies d'argumentation et de politesse dans les conversations d'affaires · La séquence de requête, 2000

61. Anne-Claude Berthoud et Lorenza Mondada (éds) – Modèles du discours en confron- tation, 2000

62. Eddy Roulet, Anne Grobet, Laurent Filliettaz, avec la collaboration de Marcel Burger – Un modèle et un instrument d'analyse de l'organisation du discours, 2001

63. Annie Kuyumcuyan – Diction et mention · Pour une pragmatique du discours narratif, 2002

64. Patrizia Giuliano – La négation linguistique dans l'acquisition d'une langue étrangère Un débat conclu? 2004

65. Pierre Boudon – Le réseau du sens II · Extension d'un principe monadologique à l'ensemble du discours, 2002

66. Pascal Singy (éd.) – Le français parlé dans le domaine francoprovençal · Une réalité plurinationale, 2002

67. Violaine de Nuchèze et Jean-Marc Colletta (éds) – Guide terminologique pour l'analyse des discours · Lexique des approches pragmatiques du langage, 2002

68. Hanne Leth Andersen et Henning Nølke – Macro-syntaxe et macro-sémantique · Actes du colloque international d'Århus, 17-19 mai 2001, 2002

69. Jean Charconnet – Analogie et logique naturelle · Une étude des traces linguistiques du raisonnement analogique à travers différents discours, 2003

70. Christopher Laenzlinger – Initiation à la Syntaxe formelle du français · Le modèle *Principes et Paramètres* de la Grammaire Générative Transformationnelle, 2003

71. Hanne Leth Andersen et Christa Thomsen (éds) – Sept approches à un corpus · Analyses du français parlé, 2004

72. Patricia Schulz – Description critique du concept traditionnel de «métaphore», 2004

73. Joël Gapany – Formes et fonctions des relatives en français · Etude syntaxique et sé- mantique, 2004

74. Anne Catherine Simon – La structuration prosodique du discours en français · Une approche mulitdimensionnelle et expérientielle, 2004

75. Corinne Rossari, Anne Beaulieu-Masson, Corina Cojocariu et Anna Razgouliaeva – Autour des connecteurs · Réflexions sur l'énonciation et la portée, 2004

76. Pascal Singy (éd.) – Identités de genre, identités de classe et insécurité linguistique, 2004

77. Liana Pop – La grammaire graduelle, à une virgule près, 2005

78. Injoo Choi-Jonin, Myriam Bras, Anne Dagnac et Magali Rouquier (éds) – Questions de classification en linguistique: méthodes et descriptions · Mélanges offerts au Professeur Christian Molinier, 2005

79. Marc Bonhomme – Le discours métonymique, 2005

80. Jasmina Milićević – La paraphrase · Modélisation de la paraphrase langagière, 2007

81. Gilles Siouffi et Agnès Steuckardt (éds) – Les linguistes et la norme · Aspects normatifs du discours linguistique, 2007

82. Agnès Celle, Stéphane Gresset et Ruth Huart (éds) – Les connecteurs, jalons du dis- cours, 2007

83. Nicolas Pepin – Identités fragmentées · Eléments pour une grammaire de l'identité, 2007

84. Olivier Bertrand, Sophie Prévost, Michel Charolles, Jacques François et Catherine Schnedecker (éds) – Discours, diachronie, stylistique du français · Etudes en hommage à Bernard Combettes, 2008

85. Sylvie Mellet (dir.) – Concession et dialogisme · Les connecteurs concessifs à l'épreuve des corpus, 2008

86. Benjamin Fagard, Sophie Prévost, Bernard Combettes et Olivier Bertrand (éds) – Evo- lutions en français · Etudes de linguistique diachronique, 2008

87. Denis Apothéloz, Bernard Combettes et Franck Neveu (éds) – Les linguistiques du détachement · Actes du colloque international de Nancy (7-9 juin 2006), 2009

88. Aris Xanthos – Apprentissage automatique de la morphologie · Le cas des structures racine–schème, 2008

89. Bernard Combettes, Céline Guillot, Evelyne Oppermann-Marsaux, Sophie Prévost et Amalia Rodríguez Somolinos (éds) – Le changement en français · Etudes de linguis- tique diachronique, 2010

90. Camino Álvarez Castro, Flor Ma Bango de la Campa et María Luisa Donaire (éds) – Liens linguistiques · Etudes sur la combinatoire et la hiérarchie des composants, 2010

91. Marie-José Béguelin, Mathieu Avanzi et Gilles Corminboeuf (éds) – La Parataxe· Entre dépendance et intégration; Tome 1, 2010

92. Marie-José Béguelin, Mathieu Avanzi et Gilles Corminboeuf (éds) – La Parataxe · Structures, marquages et exploitations discursives; Tome 2, 2010

93. Nelly Flaux, Dejan Stosic et Co Vet (éds) – Interpréter les temps verbaux, 2010

94. Christian Plantin – Les bonnes raisons des émotions · Principes et méthode pour l'étude du discours *émotionné*, 2011

95. Dany Amiot, Walter De Mulder, Estelle Moline et Dejan Stosic (éds) – *Ars Grammatica·* Hommages à Nelly Flaux, 2011

96. André Horak (éd.) – La litote · Hommage à Marc Bonhomme, 2011

97. Franck Neveu, Nicole Le Querler et Peter Blumenthal (éds) – Au commencement était le verbe. Syntaxe, sémantique et cognition · Mélanges en l'honneur du Professeur Jacques François, 2011

98. Louis de Saussure et Alain Rihs (éds) – Etudes de sémantique et pragmatique français- ses, 2012

99. L. de Saussure, A. Borillo et M. Vuillaume (éds) – Grammaire, lexique, référence. Regards sur le sens · Mélanges offerts à Georges Kleiber pour ses quarante ans de carrière, 2012

100. Groupe de Fribourg – Grammaire de la période, 2012

101. C. Guillot, B. Combettes, A. Lavrentiev, E. Oppermann-Marsaux et S. Prévost (éd.) – Le changement en français · Etudes de linguistique diachronique, 2012

102. Gudrun Vanderbauwhede – Le déterminant démonstratif en français et en néerlandais· Théorie, description, acquisition, 2012

103. Genoveva Puskás – Initiation au Programme Minimaliste · Eléments de syntaxe com- parative, 2013

104. Coco Norén, Kerstin Jonasson, Henning Nølke et Maria Svensson (éds) – Modalité, évidentialité et autres friandises langagières · Mélanges offerts à Hans Kronning à l'occasion de ses soixante ans, 2013

105. Jean-ClaudeAnscombre, María Luisa Donaire et Pierre Patrick Haillet (éds) – Opérateurs discursifs du français · Eléments de description sémantique et pragmatique, 2013.

106. Laurent Gosselin, Yann Mathet, Patrice Enjalbert et Gérard Becher (éds) – Aspects de l'itération · L'expression de la répétition en français: analyse linguistique et formalisa- tion, 2013

107. Alain Rihs – Subjonctif, gérondif et participe présent en français · Une pragmatique de la dépendance verbale, 2013

108. Emmanuelle Labeau and Jacques Bres (éds) – Evolution in RomanceVerbal Systems, 2013

109. Alda Mari – Modalités et Temps · Des modèles aux données, 2015

110. Christiane Soum-Favaro, Annelise Coquillon et Jean-Pierre Chevrot (éds) – La liai- son: approches contemporaines, 2014

111. Marion Fossard et Marie-José Béguelin (éds) – Nouvelles perspectives sur l'anaphore· Points de vue linguistique, psycholinguistique et acquisitionnel, 2014

112. Thierry Herman et Steve Oswald (éds.) – Rhétorique et cognition / Rhetoric and Co- gnition, 2014

113. Giovanni Gobber and Andrea Rocci (éds) – Language, reason and education, 2014 · Studies in honor of Eddo Rigotti, 2014

114. Elena Siminiciuc – L'ironie dans la presse satirique · Etude sémantico-pragmatique, 2015

115. Milton N. Campos – Traversée · Essai sur la communication, 2015

116. Gaétane Dostie & Pascale Hadermann (éds) – La dia-variation en français actuel· Etudes sur corpus, approches croisées et ouvrages de référence, 2015

117. Anne Carlier, Michèle Goyens & Béatrice Lamiroy (éds) – Le français en diachronie· Nouveaux objets et méthodes, 2015

118. Charlotte Meisner – La variation pluridimensionnelle · Une analyse de la négation en français, 2016

119. Laurence Rouanne & Jean-Claude Anscombre – Histoires de dire · Petit glossaire des marqueurs formés sur le verbe *dire*, 2016

120. Sophie Prévost & Benjamin Fagard (éds) – Le français en diachronie · Dépendances syntaxiques, morphosyntaxe verbale, grammaticalisation, 2017

121. Laura Baranzini – Le futur dans les langues romanes, 2017

122. Élisabeth Richard (éd.) – Des organisations dynamiques de l'oral, 2017

123. Jean-Claude Anscombre, María Luisa Donaire, Pierre Patrick Haillet (éds) – Opérateurs discursifs du français, 2 · Eléments de description sémantique et pragmatique, 2018

124. Marie-José Béguelin, Aidan Coveney et Alexander Guryev (éds) – L'interrogative en français, 2018

125. Thierry Herman, Jérôme Jacquin, Steve Oswald (éds) – Les mots de l'argumentation, 2018

126. Laure Anne Johnsen – La sous-détermination référentielle et les désignateurs vagues en français contemporain, 2019

127. Jean-Claude Anscombre et Laurence Rouanne (éds) – Histoires de dire 2 · Petit glossaire des marqueurs formés sur le verbe *dire*, 2020

128. Ioana-Maria Stoenică – Actions et conduites mimo-gestuelles dans l'usage conversa- tionnel des relatives en français, 2020

129. Seung-Un Choi - Éléments de sémantique du Coréen: Textes recueillis, révisés et annotés par Jean-Claude Anscombre (CNRS-LDD Cergy-Pontoise), 2020

130. Federica Diémoz, Gaétane Dostie, Pascale Hadermann, Florence Lefeuvre (éds) - Le français innovant, 2020

131. Giuseppe Cosenza / Claire A. Forel / Genoveva Puskas / Thomas Robert (éds) - Saussure and Chomsky · Converging and Diverging, 2022

132. Kira Boulat - The Pragmatics of Commitment, 2023

133. Jean-Claude Anscombre / Georges Kleiber (éds) - Histoires de dire 3 · Petit glossaire des marqueurs formés sur le verbe «dire», 2023

134. Groupe de Fribourg – L'inversion du clitique sujet et ses fonctions en français contem- porain, 2024

135. Antonia Lopez - Étude linguistique du proverbe espagnol et de ses variantes en syn- chronie, 2023

136. Marine Borel - Les formes verbales surcomposées en françis, 2024

137. Antonia Lopez - L'implication du récepteur dans les énoncés de l'espace public, 2024

138. Misha-Laura Müller - Communication, influence, manipulation, 2024